최악의 위기에서 살아남는 방법

풀과바람 지식나무 53
최악의 위기에서 살아남는 방법
THE WORST-CASE SCENARIO SURVIVAL HANDBOOK for Kids!

1판 1쇄 | 2025년 1월 9일

글 | 데이비드 보르게닉트, 저스틴 하임버그
그림 | 웬케 크램프
옮김 | 한성희

펴낸이 | 박현진
펴낸곳 | (주)풀과바람
주소 | 경기도 파주시 회동길 329(서패동, 파주출판도시)
전화 | 031) 955-9655~6
팩스 | 031) 955-9657
출판등록 | 2000년 4월 24일 제20-328호
블로그 | blog.naver.com/grassandwind
이메일 | grassandwind@hanmail.net

편집 | 이영란
마케팅 | 이승민

값 14,000원
ISBN 979-11-7147-094-5 73590

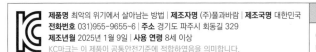

최악의 위기에서 살아남는 방법

데이비드 보르게닉트, 저스틴 하임버그 글 · 웬케 크램프 그림
한성희 옮김

풀과바람

경고 한마디: 항상 안전이 제일 중요해요. 조심하지 않으면 아무리 가벼운 활동이라도 다칠 수 있어요.
어린이 여러분, 최악의 위기에 처했을 때 조심스럽게 행동하고, 어른의 조언을 구하며, 모든 법률을 따르고, 다른 이의 권리를 존중해 주세요!

차례

극한 모험팀에 온 걸 환영합니다!

“인생이 레몬을 준다면, 레모네이드를 만들어라.”란 말을 들어본 적이 있나요? ‘인생에서 시련이 생기면 시련을 기회로 삼아라.’는 뜻의 아주 좋은 격언이에요. 그런데 무게 181kg의 고릴라가 그런 시련을 준다면 어떻게 할 건가요? 이 책에서는 여러분이 그런 상황에 대비해서 최고의 극한 모험가가 되도록 수많은 비결을 알려 줍니다.

영어로 ‘익스트림(extreme)’은 ‘극한’이나 ‘극단’이라고 하며, ‘도달할 수 있는 마지막 단계’ 또는 ‘더할 수 없이 심한 정도’를 뜻해요. 맞아요, 학교에 처음 가는 날은 매우 불편하고, 괴롭힘을 당하면 아주 괴로울 수 있어요. 그런데 이 책에서는 완전히 다른 수준의 극한을 말해요. 비단뱀, 타란툴라, 모래 폭풍, 피라냐, 상어, 유사(바람이나 물에 의해 아래로 흘러내리는 모래), 코끼리 떼, 퓨마, 호랑이, 곰을 만났을 때를 말하는 거예요. 이런!

이런 극한 상황에 놓이면, 극단적인 행동을 해야 해요. 빨리! 가만히 앉아서 어떻게 할지 궁리할 겨를이 없어요. 친구에게 문자를 보내거나 부모님에게 조언을 구할 시간이 없다고요. 여러분이 바로 그때, 당장 뭘 알고 있는지가 가장 중요해요.

하지만 당황하지 말아요. 이 책에는 바다에서부터 사막, 숲, 툰드라에 이르기까지 7대륙에 걸쳐 전 세계의 정보가 담겨 있거든요. 어떤 위험한 곳에서도 극한 생존 방법으로 살아남을 수 있어요. 정글이든, 북극이든, 상상 속 모험이든 간에 안전하게 피할 수 있지요. 단, 침착해야 해요. 극한의 위기에서 살아남는 방법은 하나, 둘, 셋… 숫자를 세

는 것만큼 쉬워요(물론 때로는 넷, 다섯, 여섯을 세야 할 수도 있어요).

조만간 사파리에 가거나 툰드라를 탐험할 계획이 없더라도 이 책에서 재미있는 (가끔 놀라운!) 정보를 잔뜩 발견할 거예요. 예를 들어 아프리카에서 가장 위험한 동물이 모기라는 사실을 알았나요? 또는 벼락이 똑같은 장소에 두 번 떨어질 수 있다는 사실은요? 타란툴라가 작은 화살처럼 털을 쏠 수 있다는 것은 알고 있었나요? 이 책을 읽고 나면 알게 되죠.

이 책을 읽고, 공부해 봐요. 생존 비결을 잘 기억해 두고요. 왜냐하면, 필요한 정보를 잘 아는 모험가가 훌륭한 극한 모험가니까요.

이제 책장을 넘겨 극한 모험팀과 함께 모험을 시작하세요. 책을 다 읽으면, 세상에서 가장 나쁜 상황에 맞서는 데 필요한 것을 모두 갖추게 됩니다(친구가 감탄할 만한 멋진 정보를 많이 얻는 것은 물론이고요). 여러분의 여행에 행운을 빌어요.

안전하고, 똑똑하게, 극한의 모험을 즐겨 봐요.

데이비드 보르게닉트와 저스틴 하임버그

1장

바다에서 살아남는 방법

상어를 물리치는 법

수영하는 사람에게는 물살을 가르고 다가오는 상어 지느러미만큼 무서운 게 없어요. 사슴이 상어보다 1년에 300배나 많은 사람을 죽인다는 사실은 신경 쓰지 말아요(38쪽의 사슴 편 참조)! 하지만 상어의 공격이 매우 드물더라도, 수영할 때 상어가 나타나면 어떻게 해야 할지 알아두면 좋아요.

1 침착하기

어느 정도 당연한 말이죠. 당황하며 아기처럼 소리치라고 말하는 것은 좋은 조언이 아니잖아요? 중요한 것은 상어를 봤다고 해서 상어가 공격하지는 않는다는 거예요. 상어가 점점 작게 원을 그리듯 헤엄치거나 배를 해저면에 문지른다면 상어의 공격이 곧 시작된다는 신호일 수 있어요.

2 때리기!

상어가 다가오면, 한 가지 선택밖에 없어요. 바로 맞서 싸우는 거죠. 반칙을 쓰면서 싸워요. 상어의 가장 민감한 곳인 눈과 아가미 구멍을 노려요. 주먹으로 때리고, 찌르고, 발로 차요. 이 싸움은 프로 레슬링 시합이고, 여러분이 악당이에요.

3 권투 선수는 절대 포기하지 않아

상어를 계속 때려요. 민감한 곳에 잽을 여러 번 날려요. 상어는 여러분이 너무 귀찮아지면 다른 곳에서 점심거리를 찾을 거예요.

4 도망가기

가장 좋은 방법은 육지로 도망가는 거예요. (적어도 수백만 년 동안 진화하기 전까지는) 상어가 거기로 쫓아오지 못할 테니까요. 스쿠버 다이빙을 하는 것처럼 깊은 바닷속에 있다면 해초나 해저면에 숨어 봐요. 그곳에서는 상어가 다가오기 힘들 거예요.

진짜일까요, 가짜일까요?

이중 어떤 상어가 진짜일까요?

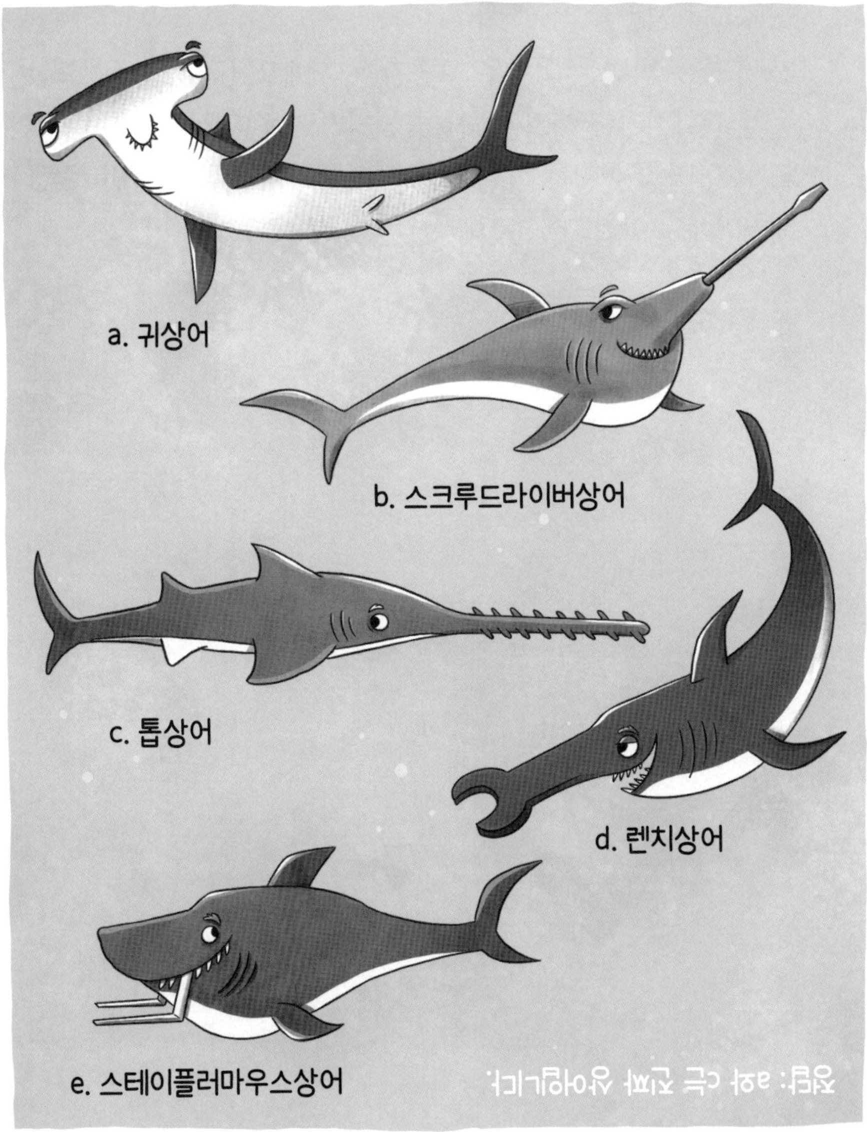
a. 귀상어
b. 스크루드라이버상어
c. 톱상어
d. 렌치상어
e. 스테이플러마우스상어
정답: a와 c는 진짜 상어랍니다.

난파된 뒤에 뗏목을 만드는 법

처음에는 배가 난파되어서 외딴섬의 바닷가에서 매일매일 즐겁게 보낸다고 생각하니 꽤 멋질 것 같지 않나요? 하지만 에어컨이나 와이파이가 없어요. 어떻게 집으로 돌아갈 수 있을까요?

1 통나무 나르기

섬 안쪽으로 길을 내고, 길이가 여러분 키만 한 통나무 두 개와 두 배로 긴 통나무 열 개를 찾아보아요. 그다음에 찾은 통나무를 바닷가로 끌고 가요. 어, 이게 쉬울 거라고 말한 사람은 아무도 없어요.

2 물가에서 지내기

썰물 때 길이가 짧은 통나무 두 개를 물가에 놓아둬요. 수영장과 미니 골프장이 있는, 세계에서 가장 좋은 뗏목을 만들려고 하지 말아요. 어차피 물에 띄울 수 없으니까요. 긴 통나무를 짧은 통나무 위에 가로로 하나씩 걸쳐 놓되, 조금 삐져나오게 해요.

3 매듭만 묶으면 나머지는 쉬워!

이 부분이 어려워요. 통나무들을 끈으로 묶어야 해요. 끈이 없으면 끈 대신 해초나 나무 넝쿨을 쓰면 좋아요. 긴 넝쿨을 8자 모양으로 칭칭 감아서 최대한 많은 매듭을 지어 통나무를 단단히 묶어요.

4 파도칠 때 뗏목 띄우기

파도가 밀려오면, 바닷물이 뗏목 아래쪽과 주위로 흘러요. 뗏목이 물에 뜨기 시작하면 바다로 밀 수 있어요. 이제 세계에서 가장 큰 파도 풀장에서 살아남아야 해요(바다에서 표류할 때 살아남는 법, 18쪽 참조). 행운을 빌어요!

섬에서 만든 발명품 (가장 기발한 발명품 순으로)

생존하려면 기지와 창의력이 가장 중요해요. 무인도에 홀로 떨어지게 된다면 무엇을 만들 수 있을까요?

통나무와 낙하산을 이용한 텐트

반짝이는 동전 미끼와 가시 바늘로 만든 낚싯대

야자수 잎으로 물을 모으는 물 수집기

코코넛 농구공

바닷물고기 모자

바다에서 표류할 때 살아남는 법

배가 난파된다면, 기지와 힘과 강인한 정신력이 필요해요. 넓고 깊은 바다에서 표류한다면 다음 방법으로 안전하게 길을 찾아봐요.

1 빗물 모으기

물병과 속이 빈 코코넛 등 그릇으로 쓸 만한 것을 배나 뗏목에 챙겨둬요. 비가 오면 그릇을 꺼내서 빗물을 모아요. 주위에 있는 것으로 뚜껑을 만들어 씌워두면 물을 안전하게 보관할 수 있어요. 몸이 물을 흡수할 수 있도록 한 번에 벌컥벌컥 마시지 말고 조금씩 마셔야 해요. 무슨 일이 있어도 바닷물은 마시지 말아요! 바닷물 속 소금이 탈수 증상을 일으키거든요.

2 잃어버리지 않기

물통을 잃어버리지 않도록 몸이나 배에 묶어둬요. 사실 배에서 떨어지지 않도록 여러분도 배에 묶고 싶을 거예요.

3 피부를 햇볕에 그을리지 않기

바닷가에서는 흡혈귀처럼 행동해야 해요. 화상과 일사병을 피하려면 최대한 피부를 가려요.

4 와, 육지다!

육지를 잘 찾아봐요. 아니면 주위에 다음과 같은 신호가 보이는지 살펴봐요.

- 새. 새는 밤에 섬으로 돌아가니까, 새를 따라가요.
- 유목. 물 위에 떠서 흘러가는 나무가 있으면 육지가 가까이 있어요.
- 탁한 물. 흙탕물은 근처에 강어귀가 있다는 뜻이에요. 육지가 수평선 너머에 있을 수 있어요.

5 해안가 찾기

위험한 암초나 산호초 근처가 아니라 모래사장으로 선택해요. 필요하면 착륙하기에 딱 좋은 데를 찾을 때까지 바닷가를 떠다녀요.

어느 쪽이 더 최악인가요?

콧물 바다에 발이 묶이는 경우?

아니면

토사물 바다에 발이 묶이는 경우?

쓰나미*를 피하는 법

*쓰나미: 지진 해일

거대한 파도가 밀려올 때는 무슨 일이 있어도 바다 근처에 있지 말아요. 위험 신호를 알아두면 10층 높이의 파도가 확 덮치려고 할 때 멀리 피할 수 있습니다.

1 방금 여기 바다가 있지 않았나요?

바닷물의 높이가 뚜렷한 이유 없이 갑자기 낮아지거나 높아진다면 쓰나미가 온다는 신호예요. 어마어마한 바다 괴물이 입을 쩍 벌리고 꿀꺽 삼켰을지도 모르죠. 어느 쪽이든 바닷물의 움직임을 신호 삼아서 물 밖으로 나온 뒤, 바닷가에서 완전히 벗어나세요.

2 물속 지진이다!

쓰나미는 바닷물 속에서 일어나는 지진으로 생겨요. 바닷가에 있는데 땅이 흔들리기 시작하거나 낮게 웅웅거리는 소리가 계속 들린다면, 바닷가를 떠나야 해요. 오리발을 집으려고 멈추지 말아요.

3 더 높은 곳으로 멀리 피하기

바닷가에서 벗어나 산꼭대기나 높은 건물의 맨 위층처럼 높은 곳으로 올라가세요.

4 쓰나미다!

재채기처럼 쓰나미가 계속해서 밀려올 수 있어요. 상황이 안정될 때까지 높은 곳에 머물러야 해요. 물에 흠뻑 젖고 싶지 않을 테니까요.

나의 영웅!

2004년, 열 살의 영국 소녀인 틸리 스미스는 타이의 푸껫섬 북부에 있는 마이까오 해변에서 바닷물이 빠지는 것을 봤어요. 지리 수업에서 쓰나미를 배웠던 틸리는 엄마 아빠와 함께 바닷가에 있던 다른 사람에게 안전하게 대피하라고 알려 줬어요. 쓰나미 신호를 알아본 틸리는 영웅이 되었어요.

여러분이라면 어떻게 할 건가요?

작은 항구에서 돛단배를 타고 있는데 윙윙거리는 큰 소리가 들리더니 해안 쪽의 바닷물 높이가 낮아진 것 같아요. 어떻게 할 건가요?

a. 배를 먼바다 쪽으로 몬다.

b. 그 자리에 그대로 있되, 돛을 내린다.

c. 다른 배 근처로 배를 몬다. 여럿이 함께 있으면 안전하니까.

d. 배를 버리고 물에 뛰어들어서, 물의 요정과 정령이 지켜 주는 바다 밑의 신비한 땅 자르니아로 간다.

정답: a. 배를 먼바다 쪽으로 몬다. 쓰나미는 먼바다 쪽이 파고가 낮아 더 안전해요.

해파리에 쏘였을 때 치료하는 법

해파리에 쏘이면 가렵고 아프며 심하면 죽을 수도 있어요. 해파리에 쏘였다면, 곧바로 의료 도움을 받으세요. 특히 숨쉬기가 어렵거나 다른 부작용을 경험한 적이 있다면요. 그사이에 따끔거리는 증상을 다음 방법으로 줄일 수 있어요.

1 문지르거나 긁지 않기

해파리에 쏘이면 빨갛게 부어오르면서 채찍 모양 상처가 생겨요.

상처 부위를 문지르거나 긁지 말아요! 긁으면 더 따갑고, 자포가 터져 독이 퍼질 수 있어요. 자포는 해파리 촉수에 있는 독침 세포로, 자극을 받으면 독이 있는 침이 발사돼요.

2 소금물로 씻어내기

양치하고, 머리 감고, 그 밖의 다른 일을 할 때도 민물을 쓰면 좋아요. 하지만 해파리에 쏘였을 때 민물을 쓰면 실제로 상처가 더 나빠져요. 왜냐하면, 민물이 통증을 줄이는 소금을 씻어내거든요. 쏘인 상처는 바닷물로 씻어내요.

3 촉수 빼기

막대기나 장갑을 써서 촉수를 들어서 빼내요.

4 오줌을 누느냐 마느냐, 그것이 문제

해파리에 쏘인 상처에 오줌을 누면 덜 아프다고 말하는 사람도 있어요. 하지만 호주의 한 연구에 따르면 실제로 그렇게 하면 자포의 독이 줄지 않고 오히려 늘어났어요. 그러니 상처에 오줌을 누지 않는 것이 가장 좋아요.

별을 보며 바다에서 길 찾는 법

몇백 년 전에 선원들은 밤에 별을 보며 경로를 따라 항해했어요. 어떻게 했을까요? 그 별들은 여전히 반짝이고 있어 바다에 있든 육지에 있든 어느 쪽인지 방향을 찾을 때 도움이 돼요.

1 밤하늘을 올려다보기

북극성(폴라리스)은 가장 밝은 별이 아니라서, 북두칠성의 별처럼 다른 별을 이용해서 어디 있는지를 찾아요. 북두칠성은 국을 뜨는 큰 국자처럼 생겨서 쉽게 찾을 수 있어요.

2 지극성 이용하기

국자 끝의 머리 부분을 이루는 두 별에 주목하세요. 이 별들은 북극성을 가리키기 때문에 '지극성'이라고 불려요. 지극성에서부터 하늘을 가로질러 보이지 않는 선을 쭉 그려 봐요. 그다음에 보이는 별이 북극성이에요.

3 떨어지는 북극성 잡기

여러분은 북극성을 찾았어요. 이제 북극성이 땅에 뚝 떨어졌다고 상상해 봐요. 거기가 북쪽이에요. 이제 남쪽, 동쪽, 서쪽도 알 수 있어요! (방향을 외우는 게 어려우면, '동서남북'이라고 외우면 되죠!)

주의할 점: 남반구에 있다면, 남쪽 하늘에 있는 남십자성을 찾아서 항해할 수 있어요. 아니면 책을 거꾸로 들고 잘 되길 빌어보세요.

참고: 북두칠성은 이렇게 생겼거나 하늘에서 거꾸로 있을 수도 있어요. 둘 다 찾아봐요!

진짜일까요, 가짜일까요?

다음 중 진짜 별자리는 무엇일까요?

a. 사냥개자리

b. 큰곰자리

c. 깨끗한바지자리

d. 부푼비버자리

e. 남쪽물고기자리

정답: a, b, e가 진짜입니다.
참고: 북두칠성은 실제로 큰곰자리 중 하나예요. 곰의 꼬리 부분에서 북두칠성을 찾을 수 있나요?

2장

산에서 살아남는 방법

화산이 폭발할 때 살아남는 법

화산 폭발은 기본적으로 산이 토하는 거예요. 한동안 속에서 콸콸거리다가, 갑자기 액체, 고체, 기체를 마구 섞어서 불길을 확 내뿜으며 토해내죠. 진짜로 뜨거워요.

다음은 화산 분출물에 화상을 입지 않도록 피하는 방법입니다.

1 비처럼 떨어지는 바위 조심하기

화산 폭발이라고 하면 아이스크림이 녹는 것처럼 산에서 뜨거운 붉은 용암이 흘러내리는 모습이 떠오르죠. 그런데 흘러내리는 뜨거운 용암과 함께 공중으로 높이 튀어 올랐다가 떨어지는 바위도 있어요. 돌덩어리가 날아다니는 산 근처에 있다면 되도록 피하고, 몸을 둥글게 말아서 머리를 보호하세요.

화산에 관련된 멋진 낱말

아아용암: 잘못 쓴 게 아니에요. 소리를 지르는 것도 아니고요. '아아'는 표면이 거칠고 단단한 용암 종류를 일컫는 하와이어예요.

칼데라: 화산 폭발로 생겨난 분화구(폭발하는 화산의 입구).

키푸카: 섬처럼 수많은 용암으로 둘러싸인 (언덕처럼) 낮은 지역을 뜻하는 하와이어.

마그마: 땅속에 녹아 있는 바위.

베개 용암: 차가운 물 속으로 용암이 흘러 들어가면서 만들어진 둥글둥글한 베개 모양 구조를 지닌 용암.

2 언덕으로 향하기!

아, 잠깐만요. 언덕이 불타고 있어요. 언덕은 좋은 생각이 아니네요. 용암이 다가온다면 최대한 빨리 길에서 벗어나세요. 용암을 사이에 두고 도랑이나 커다란 골짜기가 있다면, 훨씬 더 좋죠.

3 안으로 피하기

땅에서는 용암이 펄펄 끓고, 하늘에서는 바위가 떨어지고 있나요? 이제 피할 데를 찾아야 해요. 어디든지 간에 최대한 빨리 안으로 들어가되, 높은 데로 가세요. 문과 창문을 모두 꼭 닫아요. 절대 문을 열지 말아요. 용암이 계속 문을 두드리더라도요.

4 위로, 더 높이, 멀리 피하기

화산 폭발이 위험한 또 다른 이유는 치명적인 여러 가스를 내뿜기 때문이에요. 이산화탄소가 그중 가장 나쁜 가스죠. 이산화탄소는 공기보다 밀도가 높아서 땅 근처에 모이니까 높은 데로 올라가기 시작하세요. 계단이나 가구든, 뿌연 가스보다 머리를 계속 위로 둘 수 있는 곳으로 올라가야 해요.

눈사태에서 살아남는 법

바다에 떠 있는 여객선처럼 커다란 눈덩이에 맞는다고 상상해 봐요. 눈사태를 겪으면 바로 그런 기분이 들 테니까, 그런 눈싸움은 확실히 피해야 하죠. 그런데 대자연이 먼저 눈싸움을 걸면, 눈 위에 있는 편이 안전하게 피하는 가장 좋은 방법이에요.

1 충격에 대비하기

눈앞에서 눈사태가 벌어지면, 너무 놀라서 입을 떡 벌리지 말아요. 입을 꽉 다물어야 눈에 질식하지 않아요. 스키 폴이 있으면 (걸려서 넘어질 수 있으니까) 버려요. 그리고 나무 뒤에서 몸을 웅크리거나 가능한 한 빨리 피할 데를 찾아봐요.

2 파도 타듯이

눈사태가 가까워지기 시작하면, 자유형으로 수영하듯이 팔다리를 써서 밀려오는 눈 위에 계속 머물도록 해요. 이제 파도 타듯이 눈 위에서 서핑해야 해요. 만세, 해냈다!

주의할 점: 눈사태가 일어나는 지역에서는 절대로 혼자서 하이킹하지 말고, 항상 비상 송신기를 갖고 다니세요. 비상 송신기는 눈 속에 파묻히면 구조대가 찾도록 도와주는 신호기입니다.

3 확실하지 않으면 침 뱉기

눈 속에 푹 파묻힌다면, 빠져나올 표면을 찾아야 해요. 어느 방향이 위쪽인지 모르면, 주위에 구멍을 파고 침을 탁 뱉어요. 침이 아래로 내려가면, 어디가 위쪽인지 알 수 있어요. 멋지죠?

4 눈 파내기

바깥쪽의 트인 곳을 향해 눈을 파내요. 재빨리 파지 않으면 2천 년 뒤에 누군가가 얼음에 파묻힌 여러분을 발견할지도 몰라요.

상상할 만한 눈사태

어떤 눈사태에 파묻히는 게 가장 싫은가요?

- 축구공
- 푸딩
- 배꼽 털
- 손톱 깎은 것
- 압핀
- 도넛
- 뿌리는 치즈
- 구슬
- 벌레

곰이 공격할 때 피하는 법

대부분 곰은 자연에서 편하게 살고 싶어 해요. 하지만 어떤 상황에서는 곰이 화가 날 수 있어요. 이를테면, 새끼를 보호하거나, 물고기를 맘껏 먹고 있을 때처럼 말이에요. 아니면 《골디락스와 곰 세 마리》에서처럼 금발의 어린 소녀가 집에 몰래 들어와서 집을 부수고 곰이 먹으려던 죽을 먹어 버린다면 화가 날 수밖에 없죠. 다음은 곰을 잘 피하는 방법이에요.

1 큰 소리로 힘차게 노래 부르기

갑자기 놀라게 해서 곰을 흥분하게 하면 안 돼요. 하이킹할 때는 소리를 내세요. 다른 사람과 얘기하거나, 숲속 노래방처럼 노래를 부르거나 메아리를 외쳐 돌아오는 소리와 즐겁게 대화를 나눠 봐요. 신발이나 모자에 종을 달아둘 수도 있어요. 곰이 어떤 소리라도 듣고서 사람이 오고 있다는 신호로 알면, 사람과 마주치지 않도록 피할 수 있어요. 이 방법이 가장 좋아요!

2 가까이 가지 않기

곰을 발견하면 가만히 있어요. 그리고 곰이 가던 길을 계속 갈 때까지 기다려요. 가능하다면 천-천-히 뒷걸음질 쳐서 곰한테서 멀리 떨어져요.

3 어떤 곰인지 구별하기

곰이 흑곰인지 불곰인지 확인하세요. 흑곰은 북아메리카에서 가장 흔해요. 그런데 북아메리카의 서쪽 지역에 있다면, (회색곰이나 코디악곰과 같은) 불곰을 만날 수도 있어요. 털 색깔은 여러 가지일 수 있어요. 따라서 흑곰과 불곰이 다 나오는 지역에서 하이킹한다면 출발하기 전에 구별하는 방법을 모두 알아두세요.

4 속여 넘기기

흑곰이 멀리서 덤벼들기 시작하면, 팔을 크게 흔들며 소리를 질러요. 그러면 곰은 여러분이 실제보다 크다고 생각해서 물러날 거예요. 불곰을 만나면, 몸을 웅크리고 가만히 누워 있어요. 죽은 척하면 곰이 흥미를 잃을 거예요.

앗, 사슴이다!

미국에서 가장 위험한 동물이 뭘까요? 바로 사슴이에요. 정말이에요. <아기 사슴 밤비>의 주인공처럼 귀여운 사슴이 가장 위험해요. 미국 고속도로 안전보험협회에 의하면 사슴 때문에 미국에서만 매년 약 150만 건의 자동차 충돌 사건이 일어나고 있어요. 그중 150건은 사람에게 치명상을 입히고, 뿔과 헤드라이트가 충돌해서 매년 10억 달러 이상의 재산 피해가 생기고 있어요.

그런데 사슴은 도로에서만 위험한 게 아니에요. 우리가 사는 지역이 사슴이 살던 곳을 차지하기 시작하면서, 사슴이 원래 사람에게 느꼈던 두려움이 없어지고 있어요. 11월과 12월의 짝짓기 시기에는 사납게 날뛰는 수사슴이 사람을 공격하는 일이 점점 많아지고 있어요. 사슴은 날카로운 뿔과 몽둥이 같은 발굽으로 사납게 공격할 수 있어요.

부모님이 사슴이 나오는 지역을 운전하면 다음과 같은 주의 사항을 알려 주세요.

- '사슴 출몰 주의' 표지판에 주의를 기울이고, 표지판이 보이면 천천히 운전한다.
- 사슴은 오후 6~9시에 가장 활동적이라는 점을 알아둔다.
- 사슴이 나오는 지역을 밤에 운전한다면 헤드라이트를 위로 향하게 켜둔다.

폭풍우가 몰아칠 때 살아남는 법

회오리바람을 쫓아다니는 <스톰 체이서>란 TV 프로그램을 본 적이 있나요? 허리케인의 눈으로 차를 몰고 가는 사람들을 봤어요? 집에서는 절대 따라 하지 말아요! 폭풍을 쫓아다니지 않더라도 폭풍이 쫓아올 때가 가끔 있어요. 다음은 그런 술래잡기에서 이기는 방법이에요.

1 폭풍 주의보

자연을 좋아한다면, 머리 위에 먹구름이 좀 떠 있고 비가 억수같이 쏟아지더라도, 뭐 어때요? 그런데 번개는 다른 문제죠. 다음은 폭풍이 너무 가까워서 위험할 때 나타나는 조짐이에요.

* 윙윙거리는 소리. 작은 입자인 전자가 활발하게 움직여서 생기는 정전기 소리입니다.
* 갑자기 중력을 거스르며 변하는 머리 모양. 머리카락이 쭈뼛거리기 시작한다면, 조심하세요! 새로운 머리 모양은 공기와 머리카락에 흐르는 전기 때문이에요.
* 사람이나 나무 주위에 번쩍거리는 빛. 이 현상은 '세인트 엘모의 불'이라고 해요. 공기 중의 높은 전압이 물체와 사람 주위의 기체와 반응해서 빛이 생겨요. 과학적이죠!

이럴 때 산수 할 생각이 전혀 없겠지만, 나눗셈을 좀 하면 폭풍이 얼마나 가까이 있는지 알 수 있어요. 번개(벼락)가 보이면, 천둥이 들릴 때까지 몇 초가 걸리는지 세어 봐요. 그다음에 5로 나눠요. 이 숫자는 마일 단위(1마일은 1609m)로 폭풍이 얼마나 떨어져 있는지 알려 줘요. 번개 친 뒤 30초도 지나지 않아 천둥이 우르르 쾅쾅거린다면 곧바로 안전한 곳으로 피하세요. 폭풍이 6마일(약 10km) 떨어진 곳에서도 번개가 칠 수 있어요. (비가 내리지 않아도 벼락을 맞을 수 있어요!)

3 무거운 금속 버리기

금속제와 장신구가 든 가방은 벗어요. 배꼽에 피어싱이 있으면 벼락을 맞을 수 있어요. 번개는 높은 데와 금속 물건을 좋아해요. 그러니까 전봇대에 올라가면 안 돼요.

진짜일까요, 가짜일까요?

다음 중 벼락에 맞았을 때 생기는 진짜 효과는 무엇일까요? 말도 안 되는 가짜는 무엇일까요?

- 눈을 깜박여서 불을 켜고 끌 수 있다.
- 전자레인지에 넣기도 전에 팝콘이 터지기 시작한다.
- 금발에 직모였던 머리카락이 검고 곱슬곱슬하다.
- 이제 재채기를 하면 천둥소리가 난다.
- 자석처럼 끌어당기는 매력이 생긴다.

정답: 당연히 전부 말도 안 되죠!

4 적당한 피난처 찾기

주위가 온통 나무로 둘러싸인 숲에 있다면, 가장 키가 작은 나무를 골라 그 밑으로 몸을 웅크려요. 그러면 그곳에서는 여러분이 가장 작아요.

나무에 길게 쪼개진 흔적이 있거나 새로 난 나무껍질로 덮여 있다면, 벼락 맞은 자국이니까 그 나무에서 떨어지세요. 실제로 번개는 똑같은 곳에 두 번 떨어질 수 있거든요. 따로 떨어진 나무와 금속 울타리, 그리고 물이 많은 곳에는 가까이 가지 마세요. 그런 곳들은 번개가 잘 떨어지는 곳이니까요.

퓨마한테서 달아나는 법

아, 산비탈에서 평화로운 소리가 들려요. 새소리, 나무에 부는 바람 소리, 낮게 으르렁거리는 퓨마 소리네요. 이런! 다음은 퓨마가 나타나는 지역에서 안전하게 지내는 방법입니다.

1 따라 하지 않기

퓨마가 근처에 있다면, 퓨마의 행동을 따라 하지 마세요. 커다란 고양이처럼 굴지 않으면, 퓨마를 만날 일이 거의 없어요. 퓨마가 돌아다니는 해 질 무렵이나 새벽에 하이킹하지 마세요. 나무에 긁힌 자국이 보이면, "손톱을 갈 때야."라고 생각하지 말아요. 그리고 절대로 사슴을 잡아먹지도 말아요.

2 오늘은 도망가지 않기

구조원이 귀찮아서 하는 말처럼 들리지는 않겠지만, 퓨마를 발견하면 도망가지 마세요. 도망치면 퓨마가 쫓아올 수 있어요. 퓨마는 다리가 넷인데, 여러분은 다리가 둘이잖아요. 퓨마가 훨씬 더 빠르죠. 그걸 힘들게 알 필요가 없어요.

3 몸 크게 키우기

여러분은 크고 사나운 동물처럼 보이고 싶을 거예요. 그래야 퓨마가 한입에 잡아먹기 쉽다고 생각하지 않을 테니까요. 최대한 크게 보이도록 하세요. 허리를 쭉 펴요. 근육을 보여 줘요! 머리 위로 팔을 흔들어요. 킹코브라처럼 웃옷을 활짝 펼쳐요. 여러분, 이를 드러내고 소리를 질러요! 크앙!

4 뒤로 물러나기

여러분의 거친 행동에도 퓨마가 겁먹지 않는다면, 달아나기 위한 행동을 먼저 취해야 해요. 몸을 꼿꼿이 세운 채, 천천히 퓨마한테서 멀어지세요.

5 돌 던지기

퓨마가 전혀 눈치채지 못하네요. 오늘은 퓨마가 떠나지 않고, 서서히 접근하고 있어요. 퓨마가 뚫어지게 노려보면서 몸을 웅크리고 있어요. 여러분이 무방비한 상태가 아니라는 것을 확실히 보여 줘야 해요. 돌을 몇 개 집어서 퓨마에게 힘껏 던지세요.

6 목 보호하기

퓨마가 덮치면 몸을 보호하려고 웅크리지 말아요. 퓨마는 목덜미 무는 것을 좋아하거든요. 몸을 똑바로 세우고 퓨마로부터 목을 멀리 떨어뜨려요. 이를테면 뒤에서 못된 장난을 치기 좋아하는 아이한테 등을 보이지 않는 것과 비슷해요. 물론, 퓨마가 목을 무는 것과 못된 장난은 좀 다르지만, 어떻게 할지는 알겠죠?

숲에서 볼일 보는 법

퓨마, 눈사태, 화산은 모두 무시무시하죠. 그런데 야생에서 가장 걱정되는 일은 무엇일까요? 다음은 두 번째 걱정거리예요.

1 볼일 볼 장소 찾기

산길에서 떨어진, 눈에 잘 띄지 않는 나무나 바위 뒤를 찾아봐요. 많은 사람이 볼 필요가 없잖아요. 물이 있는 곳에서 최소 30m 떨어져야 해요.

2 똥구덩이 파기

나무 막대기로 똥을 파묻을 만한 크기로 구덩이를 파세요. '볼일 본 흔적'을 덮을 만큼 깊게 파요.

3 닦을 것 찾아보기

휴지가 있으면 가장 좋지만, 없다면 닦을 만한 부드러운 나뭇잎을 찾아봐요. 어떤 등산객은 솔방울이나 마른 솔잎 또는 반들반들한 '돌'로 닦아요. (그런 돌은 정원에 두거나 수집하려고 가져가고 싶지는 않죠.)

주의할 점: 항상 휴지로 쓸 만한 나뭇잎이 어떤 종류인지 잘 알아둬야 해요. 실수로 옻나무 잎으로 닦고 싶지는 않을 테니까요!

4 **땅에 묻기**

나뭇잎과 함께 똥을 땅에 묻어요. 그게 예의니까요. 게다가 동물이 똥 냄새를 맡고 호기심이 생기기를 원치 않잖아요. 휴지를 가져왔다면 다 쓴 휴지를 비닐봉지에 넣고 밀봉한 다음에 산에 버리지 말고 갖고 내려가세요.

5 **손 씻기**

숲에서는 잘 닦지 못하니까 손을 꼭 씻으세요. 물통에 든 물로 씻거나 손 세정제로 닦아요.

생명의 순환

숲에서 볼일을 볼 수 있는 여러 자세가 있습니다. 여러분은 어떤 자세가 편한가요?

- **보이지 않는 의자 자세**
  엉덩이가 땅 위에 떠 있도록 등을 나무에 대세요. 마치 보이지 않는 의자에 앉아 있는 것처럼요.

- **기본 스쿼트 자세**
  다리를 넓게 벌리고 직접 만든 화장실 위에 쪼그리고 앉아요.
  주의: 균형을 잘 잡는 사람만 할 수 있는 자세입니다.

- **매달린 스쿼트 자세**
  앞에 있는 나무를 꽉 잡아요. 구부러지되, 부러지지 않는 나무가 가장 좋아요. 나무 밑쪽에 발을 두고, 무릎을 굽힌 채 몸을 뒤로 젖혀요.

- **쓰러진 통나무 자세**
  쓰러진 통나무 가장자리 위로 엉덩이를 걸쳐요.

3장

사막에서 살아남는 방법

타란툴라와 잘 지내는 법

긴장 풀어요. 그냥 거미예요. 털이 많은 큰 거미죠. 송곳니도 있고요. 독이 든 송곳니죠. 실제로 긴장이 풀릴 수 있어요. 타란툴라는 그렇게 위험하지 않아요. 물리면 약간 부어오르기만 할 뿐이에요(거의 드물긴 하지만 알레르기만 없다면요). 하지만 타란툴라와 싸우지 않는 편이 가장 좋아요.

1 찌르기

타란툴라가 눈앞에서 딱 멈추면, 나무 막대기나 돌돌 만 신문지로 살살 찔러 봐요. 먹기 싫은 채소를 포크로 쿡 찌르는 것처럼 찔러요. 큰 놈은 천천히 움직여야 해요. "이봐 움직여, 여긴 볼 게 하나도 없다고."

2 엉덩이 흔들기

찌르기가 효과 없으면 트램펄린에서 뛰는 것처럼 마구 흔들어야 해요. 서서, 뛰면서, 몸을 흔들어 보세요. 그러면 약간 바보 같아 보이죠. 타란툴라는 잘 추는지 아닌지 따지지 않아요. 타란툴라 트위스트 춤이 다음에 유행하게 될지 누가 알아요?

멋진가요? 아니면 무서운가요?

- **남아메리카에서 온 골리앗 타란툴라는 몸통이 치와와만큼이나 커요.**
- **타란툴라는 실제로 거미줄에서 기다리지 않고, 먹잇감을 쫓아다녀요.**
- **타란툴라는 자신을 지켜야 한다면, 배에 난 가시 돋친 작은 털을 적에게 날릴 수 있어요.**

전갈을 다루는 법

거미의 친척인 전갈은 다리가 여덟 개 달렸고, 꼬리 끝에 독침이 있어요. 전갈이 꼬리를 흔든다고 해서 만나서 반갑다는 뜻은 아니에요. 전갈에게 "귀염둥이야, 작은 꼬리를 잘 흔드네!" 하며 몸을 기울이지 말아요. 독침 달린 꼬리를 파티용 피리처럼 쫙 펼치면, 파티는 끝나니까요.

1 숨바꼭질하기

전갈한테는 신발 안, 이불 밑, 빨래 더미 속처럼 편안히 숨을 수 있는 곳이 최고의 보금자리예요. 사용하기 전에 부츠와 이부자리, 옷을 탈탈 털어요. 밤에는 전갈이 몰래 들어가지 않도록 신발 속을 무언가로 꽉 채워 넣고요.

2 샅샅이 뒤지지 않기

돌을 뒤집거나 틈을 헤집지 마세요. 전갈을 놀라게 하면, 다음에는 여러분이 놀라게 될 거예요.

3 신발 꼭 신기

사막에서 캠핑하다가 밤에 화장실에 가야 한다면, 나가기 전에 신발을 털고 신어야 해요. 전갈은 밤에 활동적인 야행성 동물이

므로 갑자기 맨발이 나타나면 독침을 쏠 거예요.

주의할 점: 드물긴 해도, 전갈은 꼬리가 두 개 달린 채 태어날 수 있어요. 재미가 두 배가 되죠!

모래 폭풍에서 몸을 보호하는 법

모래 폭풍은 경고도 없이 빠르게 몰려올 수 있어요. 모래 언덕을 거닐며 풍경을 즐기는데, 갑자기 모래바람이 휘몰아치죠. 다음은 모래 폭풍을 이겨내는 방법입니다.

1 입 꼭 다물기

먼저 코와 입을 감싸야 해요. 반다나(강한 햇빛을 가리려고 머리나 목에 두르는 얇은 천)를 물에 적셔서 얼굴과 코 주위를 감싸요. 모래를 들이마시고 싶지는 않잖아요.

2 빤히 쳐다보지 않기

눈에 흙이 들어간 적이 있나요? 맞아요, 별로 즐겁지 않아요. 모래 폭풍이 불면 그보다 천 배나 심하다고 상상해 봐요. 고글이나 선글라스가 있으면, 써요. 바람이 부는 방향과 반대로 고개를 돌린 채 눈을 꼭 감아요.

3 뒤로 가기

바람을 등지고 돌아서요. 차나 숙소로 돌아가려고 바람이 부는 쪽으로 움직여야 한다면 뒷걸음쳐서 가요.

엄청난 모래 폭풍

세계에서 가장 큰 모래 폭풍은 아프리카 사하라 사막에서 발생합니다. 거기서는 아랍어로 '강한 바람'이란 뜻의 '하부브'라고 불러요. '강풍'이 맞아요! 돌풍으로 높이 914m에 달하는 모래 벽을 세울 수 있거든요. 뉴욕에 있는 엠파이어 스테이트 빌딩보다 두 배나 높아요!

방울뱀과 마주칠 때 살아남는 법

방울뱀은 다른 뱀처럼 변온 동물(외부 온도에 따라 체온이 변하는 동물)이며 더운 날씨를 좋아해요. 무시무시한 독을 품은, 이 독사는 다른 많은 파충류와 함께 사막에 살고 있어요. 보통은 뱀을 피하는 것이 가장 좋아요. 특히 안전한 뱀인지 확실하지 않으면 더욱 그렇죠. 하지만 방울뱀과 길에서 마주쳤을 때 침착성을 잃지 않아야 해요.

1 방울뱀인지 확인하기

사막에서 하이킹하는데 갑자기 커다란 갈색 뱀이 나타났어요. 휴대용 도감을 펼쳐서 머리가 납작한 삼각형에 두꺼운 몸통과 접히는 바늘처럼 생긴 송곳니가 있는 뱀인지 확인해요. 아니면 흔들기 시작하는 꼬리 끝에 달린 방울을 보고 알 수도 있어요.

주의할 점: 항상 잘 닦인 길로 다녀야 발밑에 무엇이 있는지 볼 수 있어요!

2 당황하지 않기

방울뱀이 가만히 똬리를 튼 채, 꼬리로 마라카스를 흔드는 소리를 내고 있어요. '착착착' 소리는 뭘 뜻할까요? 방울뱀에 경고문이 붙어 있지는 않지만, 있다면 '주의'일 거예요. 방울뱀이 똬리를 튼 채 머리를 바짝 치켜든다면, 방울뱀이 공격할 수 있는 범위에서 멀리 떨어지세요. 방울뱀이 꼬리를 흔든다고 절대 가까이 다가가지 마세요.

3 꼼짝 마!

움직이지 말아요. 방울뱀에게 돌을 던지거나 막대기로 찌르지 마세요. 그냥 뒤로 물러나요. 방울뱀과 충분한 거리를 둬요. 방울뱀은 몸길이의 절반 정도까지 몸을 쭉 뻗어서 공격할 수 있으니까요.

4 물리면 즉시 치료하기

물리면 침착하게 치료를 받아요. 구급대를 부르고 가능하면 물린 데를 심장보다 높이 두세요. 예를 들어 팔이 물렸으면, 팔을 머리 위로 들어 올려요. 병원에 곧바로 갈 수 없다면, 물린 곳을 심장보다 높게 두고 앉거나 누워 있어요. 다른 사람의 도움을 받아 따뜻한 비눗물로 물린 데를 씻어내요. 방울뱀에게 물리면 아프긴 하지만 여간해서는 목숨이 위험하지는 않아요.

뱀의 기본 행동

밤은 왜 혀를 날름거리며 쉭쉭 소리를 낼까요?

a. 공격하는 이에게 경고하려고

b. 놀리는 게 재밌어서

c. 공기 중의 입자를 먹으려고

d. 혀로 냄새를 맡으려고

정답: d. 뱀은 갈라진 혀로 공기 중의 냄새를 잡아
입천장에 대서 냄새를 맡아요!

사막에서 물을 찾는 법

사막에서는 태양을 피할 수가 없어요. 끝없는 갈증을 이기려면 수분을 섭취하는 방법밖에 없어요. 게다가 살아남으려면 물을 마셔야 해요! (재미있는 사실: 사람의 몸은 60% 이상이 물로 이루어져 있어요. 여러분은 살아서 숨 쉬는 물통이죠!) 다음은 몸에 물이 부족할 때 새로 신선한 물을 찾는 방법이에요.

1 **땅 밑 찾아보기**

마른 개울 바닥을 찾아봐요. 물이 흐르지 않더라도 그 밑으로 물이 있을 수 있거든요. 나무 막대기나 손으로 개울 바닥을 파서 축축한 모래나 물이 고여 있는지 확인해 보세요. 흙탕물이라도 맛있어요. 냠냠.

2 **동물적 본능 따르기**

동물도 물이 필요해요. 동물의 발자국이나 울음소리를 따라가면 주변의 야생 동물이 물 마시는 곳에 갈 수 있어요. 물론 물을 마시기 전에 맹수가 있는지 물가를 자세히 살펴야 하죠. 안전하게 물을 마셔야 해요!

신기루는 진짜일까요?

신기루는 사막에서 눈앞에 오아시스가 있는 것처럼 보이는 진짜 현상입니다. 보이는 풍경은 정말 진짜예요. 사진으로 찍을 수도 있어요! 하지만 (안타깝게도!) 당연히 거기에는 진짜 물이 없어요. 이런 신기루는 뜨거운 땅이 그 위의 공기를 데워 햇빛이 많이 휘어지면서 실제로 땅에서 하늘의 모습이 보일 때 생겨요. 이런 현상은 물처럼 보일 수도 있고 심지어 물결치는 것처럼 보이기도 하지만 속지 마세요. 마실 물이 한 방울도 없으니까요!

주의할 점: 사막이나 야생에서 찾은 물은 항상 정수기나 정제 약품으로 불순물을 없애거나 물을 끓여서 정수해야 합니다.

3 아침 이슬 마시기

사막이라도 추운 밤이 지나면 아침에 이슬이 맺혀요. 식물의 잎에서 이슬방울을 싹싹 모아서 입에 넣을 수 있어요. 뭐, 구할 수 있는 것을 마셔야죠.

달아나는 낙타를 멈추는 법

낙타는 혹이 하나든 둘이든 사막에 딱 맞는 교통수단이에요. 낙타는 물을 거의 마시지 않고도 먼 거리를 이동하며 타는 듯한 사막의 태양을 견딜 수 있거든요. 낙타는 길들이기 쉽지만, 큰 소리와 다른 뜻밖의 일에 깜짝 놀라는 편이에요. 따라서 타고 있는 낙타가 도망갈 경우를 대비하는 것이 좋아요.

낙타 타는 법

달아나는 낙타를 잡기 전에, 낙타를 제대로 타는 법을 꼭 알아둬야 합니다.

1 낙타와 친구 하기!

안장을 얹기 전에 낙타의 털을 긁어 주세요. 안장 밑에 있으면 혹이 진짜 아플지도 모를 막대기나 까칠까칠한 씨앗이 이렇게 하면 없어지거든요. 털을 정리하면서 낙타와 편하게 이야기를 나눠 봐요.

사막에서 완벽한 탈것, 낙타의 기능

페인트칠

낙타의 두꺼운 털은 햇빛을 반사해서 뜨거운 열로부터 몸을 보호합니다.

헤드라이트

긴 속눈썹과 막을 수 있는 콧구멍으로 모래바람이 들어오지 않게 하죠. 사막에서는 낙타처럼 콧구멍을 막을 수 있으면 좋겠다고 바랄 때가 있어요.

연료 효율

낙타는 내장과 지방으로 된 혹 덕분에 물을 마시지 않아도 오랫동안 버틸 수 있어요. 낙타의 오줌은 시럽처럼 걸쭉하며, 똥은 바짝 말라서 불 피우는 데 쓰여요.

바퀴

튼튼한 발은 뜨거운 모래로부터 보호해 주죠.

2 "앉아!"

펄쩍 뛰어서 낙타에 올라타는 것은 좋은 생각이 아니에요. 대신에 조련사는 낙타에게 무릎을 꿇게 하는 명령어를 가르쳤어요. "앉아!"라는 첫 번째 명령을 내리면 혹에 올라탈 수 있을 만큼 낮게 낙타가 쭈그리고 앉을 거예요.

3 떨어지지 않기

"일어서"라고 두 번째 명령어를 말하면, 낙타가 일어날 거예요. 하지만 단단히 각오하세요! 낙타는 가장 먼저 엉덩이를 빠르게 들어 올리거든요. 뒤로 기대지 않으면 모래에 얼굴이 처박힐 거예요.

4 고삐를 살살 잡기

올라타면, 말을 타듯이 고삐로 낙타를 몰아요. 그런데 낙타는 고삐가 코에 있는 못에 고정되어 있어요. 거친 노래를 부르는 로커 같지 않나요? 하지만 살살 잡아당겨야 해요. 코털을 확 잡아당기면 얼마나 아플지 생각해 보세요. 그보다 10배나 더 아파요.

5 낙타와 함께 흔들기

낙타는 말과 걸음걸이가 달라요. 낙타는 오른쪽 두 다리를 함께 움직인 다음에 왼쪽 두 다리를 움직이거든요. 그러면 좌우로 흔들리죠. 낙타와 함께 움직이면 떨어지지 않아요.

달아나는 낙타를 멈추는 법

1 옆으로 고삐를 잡아당기기

최대 시속 64km로 달아나는 낙타는 조랑말처럼 종종 걷지 않아요. 달리는 단봉낙타에서는 고삐를 잡아야 하죠. 하지만 고삐가 끊어질 수 있으니까 홱 잡아당기지 마세요. 그 대신에 고삐를 한쪽으로 당기세요. 그러면 낙타가 원을 그리며 달릴 거예요. 낙타가 좋아하는 쪽으로 당기세요. 반대로 당기지 말고요.

2 필사적으로 매달리기

로데오 경기를 한다고 해 봐요. 8초 이상 매달려야 할지도 모르지만, 너무 오래 걸리지는 않을 거예요. 몸을 숙이고, 다리로 낙타를 잡고, 안장의 뿔을 꽉 붙잡으세요. 결국, 낙타는 빙빙 달리는 데 지쳐서 아무 데도 가지 못한다는 걸 깨달을 테니까요.

3 완벽하게 내리기

낙타가 지쳐서 앉으면 그때 내릴 기회를 잡아요. 낙타가 앉으면 “잘했어!”라고 말해 줘요. 간식도 주고요.

침 뱉는 낙타

짜증이 난 낙타가 사람에게 침을 뱉는다는 말을 들어봤을 거예요. 사실일까요? 맞기도 하고 아니기도 해요. 낙타는 거의 침을 뱉지 않아요. 대개 성격이 온순하거든요. 하지만 위협을 느끼면 위협하는 상대에게 침을 탁 뱉을 수도 있어요. 그런데 사실은 침이 아니에요. 더 심한 거예요. 토사물을 내뿜는 것에 더 가깝거든요. 낙타는 뱃속에서 반쯤 소화한 음식을 입으로 토해낸 다음에 입술을 써서 확 뱉어요. 그렇게 되면 뱃속 내용물이 주르륵 흘러나와서 여러분의 상반신을 온통 덮어 버릴 수 있어요!

4장

정글에서 살아남는 방법

피라냐가 우글거리는 강물을 건너는 법

학교에서 최악의 하루를 보낸 것보다 더 나쁜 일이 뭐가 있을까요? 바로 피라냐가 우글거리는 곳에서 하루를 보내는 거예요. 철로 된 낚싯바늘을 물어 끊을 정도로 날카로운 이빨을 가진 피라냐는 순식간에 물고기나 작은 동물의 살점을 물어뜯을 수 있어요. 다음은 피라냐를 피하는 방법이에요.

1 강에서 피라냐가 없는 곳을 선택하기

강에서 가장 안전한 데는 낚시꾼들이 많은 선착장에서 멀리 떨어진 곳이에요. 피라냐에게는 물고기가 많이 잡히는 선착장이 패스트푸드 식당과 마찬가지죠.

재미있는 사실: 피라냐는 대부분 남아메리카 강에 살고 있어요. 아마존 열대 우림에 있는 강처럼 말이에요. 아마존 지역에 사는 원주민들은 피라냐의 날카로운 이빨을 도구로 써요.

2 피라냐 떼 피하기

'떼 지어 몰려드는' 피라냐는 주위에 먹잇감이 있으면 뭐든지 미친 듯이 물어뜯어 버려요. 주요 먹잇감이 아니더라도 피라냐에게 조금이라도 물어뜯기지 않도록 조심하세요. 피라냐는 보통 자신보다 크기가 작은 물고기를 먹으니까, 앞에서 걸리적거리지만 않으면 물지 않을 거예요.

3 건너기 좋은 때는 밤

피라냐가 들끓는 강을 꼭 건너야 한다면, 밤에 건너세요. 피라냐는 밤에 잘 활동하지 않아서, 피라냐를 깨우더라도 헤엄쳐서 달아날 수 있어요. 새벽은 수영하기에 가장 나쁜 시간이에요. 왜냐하면, 피라냐는 아침에 가장 배고프거든요.

여러분이라면 어떻게 할 건가요?

아주 유명한 아마존 열대 우림을 가로지르고 있어요. 덤불을 헤치고 나아가니, 강이 나타났어요. 건기가 한창이라 강물의 수위가 낮아요. 가시에 긁힌 상처가 꽤 있어서 물에 들어가면 기분이 좋을 것 같아요. 잠깐 수영해도 좋지 않을까요?

정답: 절대 안 돼요. 건기에는 피라냐가 위험할 정도로 굶주려 있어요. 특히 상처에 난 피 냄새를 맡으면 피라냐가 우르르 몰려와요.

비단뱀에게 잡혔을 때 벗어나는 법

세계에서 가장 큰 뱀인 비단뱀은 소방 호스만큼 길고 전봇대만큼 널찍하게 자랄 수 있어요. 커다란 파충류인 비단뱀은 먹잇감을 꽉 움켜쥐고 졸라서 죽이는 '왕뱀'이기도 해요. 다음은 비단뱀의 '마지막 포옹'에서 벗어나는 방법이에요!

1 주위를 잘 살피기

비단뱀은 숨어 있다가 어디서든 불쑥 나타납니다. 나뭇가지가 움직인다면 얼른 거기서 벗어나야 해요. 비단뱀은 갑자기 공격할 수 있거든요. 또한, 30분 동안 물속에 머무를 수도 있어요.

2 가만히 있기

비단뱀이 꽉 조일 때 몸의 근육을 풀면, 먹잇감이 적당히 부드러워져서 꿀꺽 삼킬 준비가 되었다고 생각하게끔 비단뱀을 속일 수 있어요. 비단뱀이 꽉 움켜쥔 것을 풀지도 모르죠. 그렇게 되면….

3 머리 노리기

조였던 뱀한테서 벗어나세요. 머리만 잡고 확 떼어내요. "야, 처음부터 시도하지 말았어야지."

어느 쪽이 더 최악인가요?

비단뱀과 함께 침낭에서 자는 것일까요?

아니면

피라냐 떼와 함께 목욕하는 것일까요?

악어와 비단뱀이 싸우면 누가 이길까요?

2005년에 길이 4m의 비단뱀과 2m 길이의 악어가 이상한 모습으로 발견되었어요. 죽은 악어가 죽어 있는 뱀을 찢고 툭 튀어나온 채 발견되었죠. 아마도 비단뱀은 악어를 꿀꺽 삼킨 뒤 싸움에서 이겼다고 생각했을 거예요. 하지만 끝날 때까지 끝난 게 아니에요. 불행히도 결국 둘 다 죽었거든요.

유사*에서 빠져나오는 법

*유사: 바람이나 물에 의해 아래로 흘러내리는 모래

학교로 걸어가다가 갑자기 꽝! 하고 유사에 빠졌던 적이 있나요? 물론 만화처럼 유사가 일상생활에서 흔하지는 않겠죠. 하지만 제대로 된 (또는 그렇지 않은) 강기슭을 걷는다면 물이 모래와 섞였는데 진흙이 되지 않은 물질을 드물게 만날 수도 있어요. 아주 끈적끈적하고 빠질 수 있죠. 땅바닥에 생긴 커다란 푸딩처럼요!

1 조심스럽게 걸으며, 긴 막대기 갖고 다니기

유사가 있는 지역에 있다면, 막대기를 갖고 다니세요. 유사에 빠

지면 막대기가 도움이 되죠. 의심스러워 보이는 곳은 가지 마세요. 예를 들어 모래로 덮인 물웅덩이나 '유사'라고 적힌 표지판 옆의 구멍은 밟지 마세요.

2 가라앉기 시작하면, 막대기를 유사 위에 올려놓기

막대기를 수영장에서 쓰는 킥판처럼 물에 뜨는 물체라고 생각하세요. 천천히 움직이면서 꼼지락거리며 '기다란 막대기'에 등을 댄 뒤 팔다리를 천천히 벌려요. 몸이 뜨기 시작할 때까지 긴장을 풀어요.

주의할 점: 유사에 빠지면 천천히 움직여야 해요. 허우적거리면 지쳐서 모래를 들이마실 위험이 생겨요. 그러면 질식할 수 있죠.

3 물에 뜨니까 흥분하지 않기

막대기를 깜빡 잊어도 괜찮아요. 당황하지 말아요. 몸이 유사보다 밀도가 낮아서 긴장을 풀면 결국 물에 뜨기 시작할 거예요. 무거운 배낭을 메고 있다면 벗어 버려요. 무거운 물건이 있으면 가라앉을 테니까요.

성난 고릴라를 다루는 법

고릴라는 화가 나면 소리를 지르고, 가슴을 꽝꽝 두드리면서 이빨을 드러내죠. 짜증이 장난 아니에요! 물론, 이런 행동은 모두 고릴라 무리에서 서열을 주장하며 강해 보이려고 겉으로만 온갖 야단법석을 떠는 거죠. 안전하게 있으려면 여러분의 역할을 알아야 해요.

1 겸손해지기!

고릴라는 위협받지만 않는다면 평소에 아주 평화로워요. 그러니까 자존심을 버리고 고릴라와의 기싸움에서 져주세요. 조용히 팔을 옆으로 뻗으면, 고릴라는 자신이 우월하다고 생각하죠.

2 도전하지 않기

고릴라는 겁을 주려고 '위협하는 척'할지도 몰라요. 자, 두려워하세요. 몸무게가 181kg이나 되는 고릴라를 코앞에서 마주친다면, 몸을 움츠리고 겁에 질린 척하세요. 고릴라는 자기 뜻이 전해졌다고 생각하면 쉽게 놓아줄 거예요.

3 털 손질해 주기

방금 커다란 유인원한테 위협을 받았어요. 몹시 화가 난 고릴라의 털을 손질하라는 말은 이상한 조언 같아요. 하지만 이 경우에 고릴라는 털 손질이 위협적이지 않은 몸짓이라고 받아들일 수 있어요. 왜냐하면, 서열이 낮은 고릴라가 우두머리 고릴라의 털을 손질해 줄 테니까요. 다시 말해서 고릴라를 이길 수 없으면 털을 손질해 주세요.

거머리를 떼어내는 법

정글의 따뜻하고 얕은 물웅덩이에는 여러분처럼 아무 의심 없이 수영하는 사람한테 달라붙기를 좋아하는 작은 흡혈 동물이 숨어 있습니다. 다음은 피를 빨아먹는 거머리를 피하는 방법이에요.

1 가운데를 잡지 않기

몸에 달라붙은 거머리를 발견하면 가운데를 잡고 당기려고 하지 마세요. 거머리는 한 군데가 아니라 두 군데에서 착 붙어 있거든요! 자기 몸으로 줄다리기를 해 봤자 이기는 쪽이 아무도 없듯이, 거머리를 가운데에서 잡아당겨봤자 떨어지지 않아요.

거머리의 구조

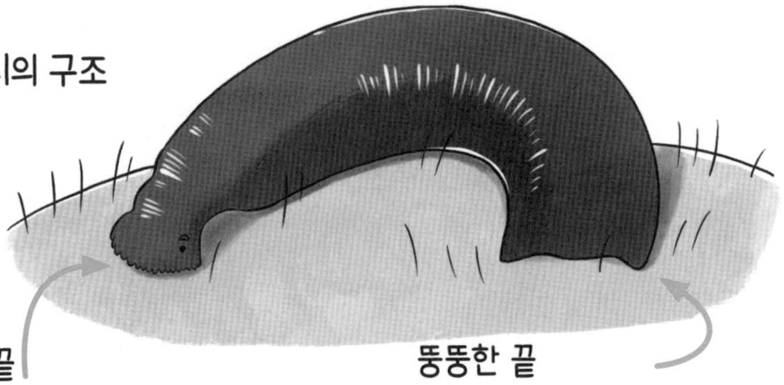

여러분이라면 어떻게 할 건가요?

다음 중 거머리를 떼어내는 방법은 무엇일까요?

- **소금**
- **열**
- **벌레 퇴치제**

정답: 셋 다 아니에요. 거머리는 자극받으면 물은 데다가 토해서 세균이 퍼져 감염을 일으킬 수 있어요.

2 손톱으로 밀어내기

거머리에서 끝이 작은 쪽을 찾아봐요. 그쪽이 입이에요. 거머리가 달라붙은 피부 옆에 손톱을 갖다 대세요. 물린 부위에 바로 갖다 대지는 말고요. 옆으로 밀어서 거머리를 떼어내세요.

3 잘 가, 거머리야!

이제 큰 쪽을 밀어요. 입은 휙 치면 다시 달라붙지 않아요. 필요 없는 코딱지를 손가락으로 튕겨내듯이 거머리를 휙 던져 버려요.

낚싯대 없이 물고기를 잡는 법

모터보트를 타고 멋진 낚싯대에 최신식 미끼를 쓰면 누구나 물고기를 잡을 수 있어요. 진짜 낚시꾼은 입은 옷만으로도 물고기를 잡을 수 있죠. 정말로요.

1 그물망 틀 만들기

나뭇가지가 둘로 갈라진 어린나무를 찾으세요. 길이가 여러분 다리만큼 길어야 해요. (오른쪽 그림처럼) 나뭇가지가 서로 맞대게 구부린 뒤 묶어서 원을 만드세요.

2 셔츠 벗기

셔츠를 앞에서부터 벗어요. 팔도 빼고요. 사실 셔츠를 완전히 다 벗어야 해요! 셔츠를 벗은 뒤에 겨드랑이 밑에서 묶어 주세요. 그물망 틀에 셔츠를 묶어요. 짜잔, 그물이 완성되었어요!

3 햇빛 피하기

햇빛을 쐬는 게 아니라 물고기를 잡아야 해요. 물고기는 물가 근처에 그늘진 곳을 좋아하니까, 그런 곳을 찾아야 해요. 적당한 데를 찾으면 이제 낚시를 해야 하죠.

4 그물 치기

직접 만든 그물을 물속에 넣었다가 빼면, 물이 셔츠를 통과하더라도, 물고기는 잡힐 거예요.

열대 우림에서 피난처를 만드는 법

'열대 우림'이란 이름의 숲에서는 비가 많이 내려요. 여기서 길을 잃으면 재빨리 피할 데를 찾거나 만들어야 하죠.

1 위치가 가장 중요해

높은 곳의 마른 땅이 가장 좋아요. 빈터를 찾으세요. 습지나 저지대처럼 모기가 좋아할 만한 곳은 멀리하세요. 코코넛 나무나 마른 나뭇가지가 달린 나무 밑은 좋지 않아요. 머리에 빗방울이 아니라 다른 것이 떨어질 수도 있으니까요.

2 린투 피난처 만들기

나무 막대기와 돌로 뼈가 다치지 않게 보호할 수 있어요. 쓰러진 나무 중에서 튼튼한 나무줄기나 바위를 찾아요. 쓰러진 나무에 굵은 나뭇가지나 막대기를 비스듬히 기대놓아요. 이렇게 만드는 피난처는 '기대다'란 뜻의 '린투(lean-to)' 피난처라고 해요. 그 밑으로 기어들어 가서 공간이 충분한지 확인해 보세요(너무 기울어져 있으면 안 돼요).

3 구멍 막기

큰 나뭇잎과 이끼를 잔뜩 가져다가 구멍을 다 막아요. 그리고 계속 쌓아요! 지붕이 새지 않으면 좋잖아요. 피난처 옆에 '출입 금지'라는 표지판을 걸어두면, 정글에 있는 동물이 방해하지 않을 거예요.

숫자로 보는 열대 우림

- 아마존 열대 우림에서만 지구에 있는 산소 중 20%가 발생합니다.
- 열대 우림에서 3천 개가 넘는 과일이 발견되었어요.
- 어떤 전문가는 열대 우림이 파괴되면서 매년 5만 종의 식물이 사라지고 있다고 해요.

다른 피난처 종류

린투는 만들기 쉬운 피난처 중 하나입니다. 처한 환경에 따라 고를 수 있는 피난처는 많아요.

캐노피 피난처

커다란 천 가운데 머리를 내어 입는 외투, 판초와 줄이 있으면 나뭇잎 대신에 피난처를 만드는 재료로 쓸 수 있어요.

습지의 이층 침대

습지에서 멀리 떨어진 곳을 찾지 못하면, 나무 네 그루와 잔뜩 깐 덤불로 이층 침대를 만들어서 피난처를 높여야 해요.

A자 모양 피난처

지붕이 두 개인 린투 피난처와 같아요. 기다란 통나무를 가져다가 나무 그루터기나 바위 위에 잘 걸쳐놓아요. 그다음에는 린투를 양쪽에서 만드는 것처럼 해 주세요.

멋진 요새

열대 우림에서 호화롭게 살 수 없다고 누가 그랬나요? 건축가와 건설업자를 데려와서 피난처를 조금 화려하게 만들어 보세요. 별이 보이는 테라스는 선택 사항이죠.

5장

북극에서 살아남는 방법

북극곰의 공격을 피하는 법

북극곰의 문제점은, 바로 천적이 없어서 거의 두려워하지 않는다는 거예요. 즉, 북극곰은 사람을 두려워하지 않아요. 툰드라 지역에서 뒤를 조심해야 할 이유가 더 많아지죠.

1 북극곰이 못 보면, 그대로 두기

더 가까이 보거나 사진을 잘 찍으려고 하지 마세요. 북극곰이 바람이 불어오는 쪽에 있어야, 여러분한테 나는 이상한 냄새를 맡지 않아요. 기분 나쁘게 하려는 건 아니에요. 일반적으로 야생 동물을 방해하지 말고 비키라는 말은 좋은 충고죠.

2 북극곰이 봤다면, 단지 사람이라는 것을 보여 주기

북극곰이 서서 킁킁거리거나 알아차린 것 같다면, 말하며 팔을 흔들어서 여러분이 사람이라는 것을 북극곰에게 알려 주세요. 여러 사람과 함께 있다면, 모두가 이렇게 해야 하죠. 소란스럽게 굴어요. 춤 경연을 하듯이 열심히 흔들어요. 소리를 지르며 큰 동작으로 위협하세요. 북극곰에게 겁을 줘서라도 정면충돌을 피하고 싶잖아요.

진짜일까요, 가짜일까요?

a. 북극곰은 털이 흰색이 아니라 투명해요. 털이 햇빛에 반사되어서 하얗게 보이는 거예요.

b. 남극에 있는 어떤 북극곰은 털이 검은색이에요.

c. 북극곰은 앞발에 물갈퀴가 있어요.

d. 북극곰은 눈사람처럼 생긴 구조물을 만들어서 등을 문지른다고 알려져 있어요.

e. 북극곰은 털 밑의 피부가 얼룩덜룩해요.

f. 북극곰은 발가락에 맛을 느끼는 맛봉오리(미뢰)가 있어요.

정답: a와 c가 사실이에요. b는 정말 말도 안 되죠. 남극에는 북극곰이 없으니까요.

3 끝까지 버티기

곰이 덤비면, 물속에 뛰어들어야 할까요? 안 돼요. 북극곰은 수영을 정말 잘하거든요. 얼음 위로 도망가는 건요? 어림도 없어요. 북극곰은 스피드 스케이트 선수처럼 얼음 위에서도 잘 다녀요. 눈 속은 말할 필요도 없고요. 북극곰이 공격하면 여러 사람과 함께 반격해야 해요. 상어한테 했던 것과 마찬가지로, 얼굴처럼 북극곰의 민감한 곳을 노리세요. 북극곰이 물러나서 그곳을 떠날 충분한 공간이 생기길 바랍니다.

얼음에 빠졌을 때 살아남는 법

얼음 위를 걷고 있다고 해 봐요. (그래선 안 되지만요.) 아주 얇은 얼음 위를 걷고 있다고 가정해 봐요. (정말로 그러면 안 됩니다.) 이제 너무 늦었어요. 물속에 풍덩 빠져버렸어요. 하지만 다행히도 빠져나올 수 있어요.

1 숨을 들이마셨다가 내쉬기 반복하기

어떨 거 같아요? 물이 엄청 차가울 거예요. 놀랍게도 숨이 턱 막

힐 정도로 차가워요. 숨을 가쁘게 쉬지 말고 침착하세요. 물속에 서서 헤엄쳐 봐요.

2 어디서 왔는지 기억하기

방금 얼음이 가장 단단한 곳에서 걸어왔을 가능성이 커요. 그러니까 왔던 쪽으로 몸을 돌려요. 어리석게 얼음 위를 걸어왔던 발자국이나 왔던 곳을 알 만한 눈에 띄는 나무나 건물을 찾아봐요.

3 팔꿈치로 빠져나오기

얼음 위에 팔꿈치를 올려서 몸을 끌어올리되, 완전히 물속에서 빠져나오지는 마세요. 물에 흠뻑 젖어서 무게가 몇 킬로그램 늘었을 테니까 몸을 다 끌어올리기 전에 옷에서 물이 뚝뚝 떨어지게 둬요.

얼음에 빠진 사람을 구하는 법

누군가 얼음에 빠지면, 뛰어들지 마세요. 같이 빠지지 말고, 빠져나오는 방법을 알려 주세요. 스스로 빠져나올 수 없을 때는 끈이나 하키 스틱 또는 기다란 나뭇가지를 던져 주세요. 손을 뻗어서 잡으려고 하지 마세요. 당황한 사람이 확 잡아당길지도 모르니까요!

4 발로 차면서 소리 지르기

얼음 위로 몸을 끌어올리면서 수영하듯이 발을 차며 앞으로 나아가세요.

5 얼음 바닥에 구르기

물에서 빠져나오면 일어서지 말고 데굴데굴 굴러요. 이렇게 하면 무게가 얼음 위로 분산되어 물에 또 빠질 위험이 줄어들어요. 이미 차가운 물에 빠졌으니까 또 얼음을 깰 필요는 없잖아요.

달려드는 무스*를 다루는 법

*무스: 말코손바닥사슴

무스는 고급 스포츠카 페라리와 많이 닮았어요. 윤기 있고 매끈하며 매력이 넘치죠. 물론 페라리처럼 무스는 완전히 가만히 있다가 순식간에 매우 빠르게 움직여서 뭐든 방해되는 것에 달려들어 쓰러뜨릴 수 있어요. 여러분도 넘어뜨리죠.

1 강아지 데려가지 않기

무스가 보기에 개는 늑대와 매우 비슷해요. 늑대는 무스에게 친구도 아니죠.

강아지와 있을 때 무스를 만난다면, a) 강아지가 화가 나서 멍멍 짖어요, b) 무스는 자신을 지켜야 한다고 생각하죠, c) 강아지가 주인에게 돌아가요. 즉, d) 여러분은 성난 무스와 딱 마주치게 될 거예요. 그러니까 무슨 얘기냐면, 무스가 나오는 지역에서 하이킹할 때는 강아지를 데려가지 마세요!

2 탈주로 만들어 주기

무스가 여러분에게 덤비는 길 말고 달려갈 데가 있도록 해 주세요. 일반적으로 무스는 사람에게 머리를 들이박으려고 하지 않으니까, 다른 길이 있다면 막히지 않은 길을 택할 거예요.

3 무스의 표정 살피기

무스가 귀를 쫑긋 세운 채 여러분을 쳐다볼지도 몰라요. 그럴 때 호기심 많은 무스한테서 뒷걸음쳐서 피할 수 있어요. 무스가 고개를 숙인 채 목덜미의 털이 쭈뼛 선다면, 걱정하기 시작해야 합니다.

4 투우사 자세는 절대 안 돼!

무스가 달려들면, 투우사처럼 행동하지 마세요. 북아메리카 황소인 무스는 엄청난 뿔이 달려 있어요. 무스가 지나갈 때까지 단단한 것 뒤에 숨어서 가만히 있어야 해요. 사실 무스가 그 지역을 떠나서 다시 정착해서 새로운 삶을 시작할 때까지 그대로 있어요.

무스 똥 축제!

탈키트나 무스 똥 축제는 30년이 넘도록 알래스카의 탈키트나에서 매년 열렸어요. 무스 똥에 광을 내고 숫자를 매긴 뒤에 헬리콥터에서 목표물에 떨어뜨려요. 사람들은 똥에 적힌 숫자와 똑같은 추첨 번호를 받았어요. 목표물에 가장 가까운 똥이 우승하죠!

무스의 몸짓 언어

무스의 말하기를 다시 공부해 봐요! 다음은 알아둬야 하는 몸짓 언어입니다.

"음, 대체 뭔데?"

"네가 싫어.
널 쓰러트릴 거야."

"나랑 차 마시지 않을래?" (드문 경우)

위급할 때 눈신을 만드는 법

눈신을 만들어서 눈 위를 잘 걸을 수 있다면 깊이 쌓인 눈 속을 힘겹게 걷느라 지쳐서 동상에 걸릴 이유가 있을까요? 나뭇가지와 약간의 끈만 있으면 되죠. 다음은 눈신을 만드는 방법이에요.

1 나뭇가지 찾기

동장군이 기승을 부리는 매서운 한겨울에는 선택 사항이 별로 없어요. 길이 0.6m 정도의 나뭇가지 두 개를 찾아요. 멋지게 만들고 싶으면 잔가지와 푸른 바늘잎이 많이 달린 나뭇가지가 좋아요. 툰드라에서 엄청나게 유행하는 신발이죠.

2 위에 올라가기

새 신발을 신어 봐야죠. 모아둔 나뭇가지 위에 올라가세요. 손바닥 길이만큼의 나뭇가지가 발 앞으로 튀어나와야 해요. 무성한 잎 부분은 발 주위와 뒤쪽에 있어야 하고요.

3 끈으로 묶기

끈이 필요해요. '북극 끈 조약'을 위해 끈을 가져왔다면 다행이에요. 그렇지 않다면, 식물 뿌리나 가방끈 또는 코트를 이용해서

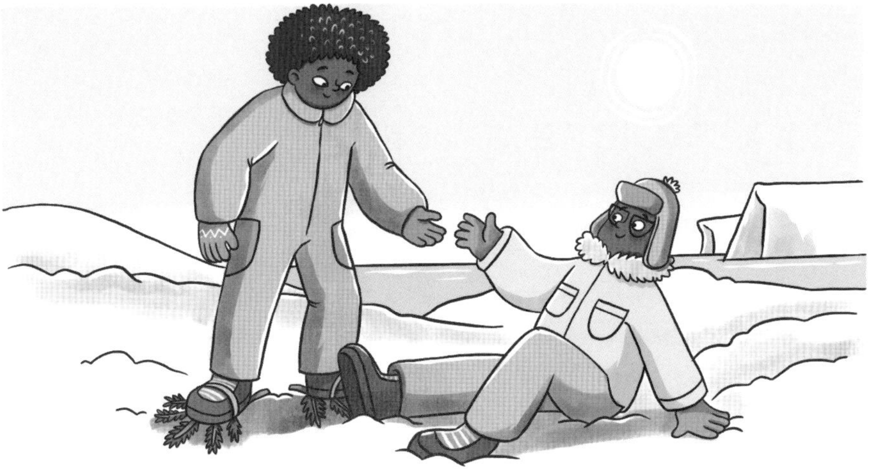

끈으로 쓸 수 있어요.

a. 끈 한쪽 끝을 나뭇가지 앞쪽에 묶어요.
b. 끈을 신발 앞쪽 구멍에 꿰어요.
c. 끈의 다른 쪽 끝을 나뭇가지에 꽉 묶어요.

4 시험 삼아 걸어 보기

새로 만든 눈신을 신고 걸어 보세요. 걷기 괜찮으면, 잘했어요! 조금 헐거우면, 끈을 조인 다음에 움직이세요.

원하는 신발을 골라 봐요!

다음 중 눈신으로 가장 좋은 것은 무엇일까요?

전나무 신발

솔방울 신발

비버 부츠

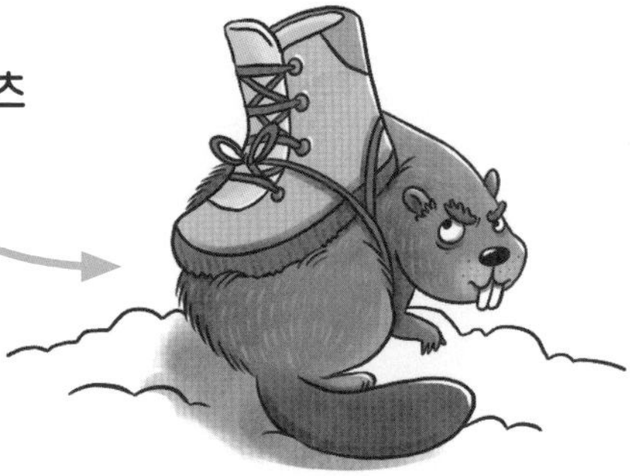

정답: 전나무 신발. 잔가지가 많으면 무게가 분산되어서 굽이 있는 것처럼 빠지지 않아요.

눈으로 얼음집을 만드는 법

겨울에 허허벌판에서 캠핑하고 있는데 갑자기 불어닥친 돌풍으로 텐트가 휙 날아가 버렸어요. 새로 쉴 만한 곳이 빨리 필요해요. 그렇지 않으면 눈 위에 누워 있게 될 거예요. 다음은 눈과 얼음으로 둘러싸여 있어도 눈에 젖지 않고 따뜻하게 지내는 방법이에요.

1 적당한 곳 찾기

삽으로 퍼낼 정도로 부드럽지만, 다질 정도로 단단한 눈이 쌓인 약간 가파른 경사지를 찾아요.

2 눈 파기

얼음으로 만든 모든 요새에는 문이 필요해요. 경사지에서 약 1m 깊이로 입구를 쭉 파세요. 그다음에 입구 끝에서 위쪽으로 큰 방을 만들어요. 방바닥은 평평하게 하고, 천장은 둥글게 만드세요. 입구는 큰 방보다 높이가 낮아야 해요. 그렇지 않으면 눈이 불어와서 입구를 통해 방으로 들어갈 수 있어요.

3 환기구 만들기

큰 방을 다 만들었으면 지붕에 구멍을 뚫어서 환기구를 만드세요. 그러면 숨 쉴 수 있는 공기가 충분히 들어올 수 있어요. 그리고 밤에 동료가 방귀를 뀌면 구멍이 있어서 다행이라고 여길 거예요.

재미있는 사실: 에스키모 민족인 유피크족이 사용하는 유피크어에는 눈에 관한 단어가 20개가 넘어요. 그중에는 뮤루아네크(muruaneq, 부드럽게 깊이 쌓인 눈), 낫킥(natquik, 땅 날림 눈), 카네브룩(kanevvluk, 미세한 눈 입자) 등의 단어가 있어요.

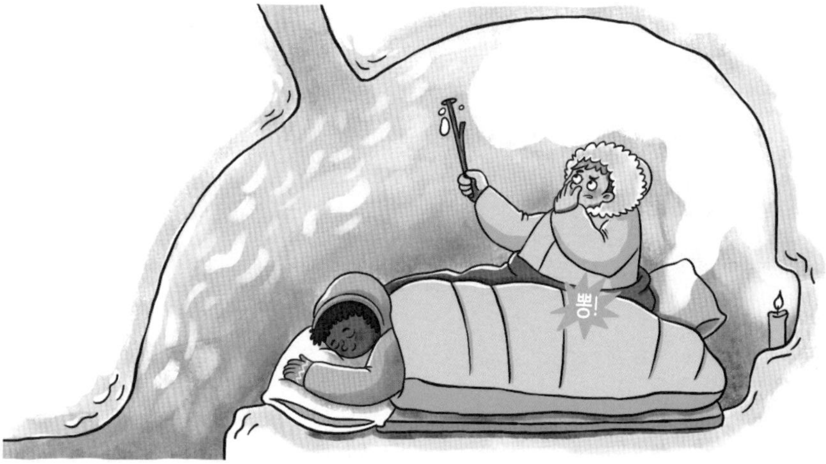

빙산에서 오도 가도 못할 때 살아남는 법

떠다니는 얼음덩어리에 어떻게 올라갔든지 간에 최대한 이용하는 법과 내려오는 방법은 다음과 같습니다.

1 빙산에서 쉴 데 만들기

쉴 곳이 필요해요. 긴 구덩이를 얼음덩어리로 덮어서 참호를 만들 수 있어요. 아니면 앞으로 오래 머물러야 한다면 얼음집(97쪽 참조)을 만들어요. 빙산은 대개 눈으로 덮여 있으니까요.

2 눈 + 햇빛 = 물

빙산의 표면은 대부분 민물로 이뤄져 있어서 마음껏 마실 수 있어요. 눈이나 얼음을 그릇에 담아 햇빛에 놓아둬요. 눈을 먹는 것과 물을 마시는 것은 달라요. 씹으면 몸의 에너지를 써서 많은 힘이 필요하니까 기운이 떨어지거든요. 그러니까 먼저 눈을 충분히 녹여요. 마지막 수단으로는 얼음 위를 긁어서 나만의 스노콘을 만들어요. 플레인 맛이라 아무 맛도 없어요.

3 물고기 잡기

일반적으로 인간은 물을 마시지 않고 3일을 버티고, 음식을 먹지 않고 3주를 견딜 수 있어요. 별로 실험하고 싶지 않은 이론이죠. 최대한 빨리 단식 투쟁을 끝내고 음식을 먹어요. 뭐든 이용해서 낚싯대를 만들어요. 필요하면 눈덩이를 던져서 바닷새를 잡아보세요.

4 위치 알아보기

남극에서는 빙산이 남극을 중심으로 시계 방향으로 떠다녀요. 배와 기상 관측소가 있는지 잘 찾아봐요. 북극에서는 해류가 동쪽에서 서쪽으로 흘러요. 그린란드 근처에서 사람들이 많이 사는 지역을 떠다닐 수도 있어요. 물론 이렇게 몇 달을 떠다닐 테니까 움직이는 집을 멋지게 꾸밀 시간은 충분하죠.

진짜일까요, 가짜일까요?

자연은 얼음 조각을 잘 만들어요. 과학자들은 모양에 따라 다른 이름을 붙여서 빙산을 분류합니다. 세상의 모든 빙산은 타이태닉호 사고와 같은 일이 다시는 일어나지 않도록 추적 관찰되고 있어요!

다음 중 자연이 만든 빙산의 모양은 무엇일까요?

정답: 탁상형, 돔형, 쐐기형은 진짜예요.

6장

사파리에서 살아남는 방법

사파리에 알맞은 옷을 입는 법

동아프리카 사파리에서 사자와 악어와 코끼리를 만나는 평범한 날에는 옷을 멋지게 입는 것이 가장 중요하지는 않아요. 하지만 옷은 신중하게 골라야 하죠. 여행에 맞는 옷을 입으면 나중에 애쓴 보람이 있거든요.

1 양파처럼 입기

나쁜 냄새를 풍기거나 눈물을 쏙 빼게 만들라는 게 아니라, 겹겹이 껴입으라는 말이에요. '쪄 죽을 것 같아!'라고 생각할지도 몰라요. 글쎄요, 반은 맞는 말이에요. 낮에는 더워요. 하지만 밤에는 완전히 달라져요. 믿기지 않겠지만, 아프리카 사바나에서는 꽤 추울 수 있어요.

2 풀오버 재킷 챙기기

풀오버 재킷은 머리부터 입는 재킷인데 스웨터처럼 따뜻해요. 밖에 나가거나 밤에 야영할 계획이라면 따듯한 재킷이 필요하죠. 체온을 조절할 수 있도록 옷을 여러 벌 챙겨야 해요.

사파리 스타일로 파격 변신

3 헐렁한 옷 입기

꽉 끼는 옷을 입는 건 좋지 않아요. 모기에게 물리지 않고 햇볕에 타지 않으려면 온몸을 감싸야 할 때가 종종 있어요. 더울 때 옷을 헐렁하게 입으면 시원해지죠.

4 액세서리 이용하기

챙이 넓은 모자와 선글라스, 자외선 차단제로 머리를 보호하세요. 튼튼하고 편안한 운동화를 신으세요. 아니면 특수 등산화나 가볍고 빠르게 마르는, 밑창이 두꺼운 신발을 신으세요.

5 엉뚱한 색 말고, 카키색 옷 입기

하와이안 셔츠는 집에 두고 와요. 주위 환경에 잘 어울리는 데는 카키색이 가장 좋아요. 동물이 밝은색 옷을 보고 놀랄 수 있거든요.

재미있는 사실: 파란색은 작은 흡혈 파리인 체체파리를 끌어들일 수 있는데, 체체파리에는 수면병을 일으키는 독이 들어 있어요.

사파리가 정말 좋아

사파리는 아프리카의 스와힐리어로 '여행'이란 뜻이에요. 스와힐리어는 케냐와 탄자니아와 같은 나라에서 사용하고 있어요. 예전에는 사파리가 '사냥 여행'이란 뜻이었지만, 요즘에는 대개 아프리카 동부나 남부 지역의 자연 보호 구역으로 여행 가서, 차를 타고 돌아다니면서 사진을 많이 찍는다는 뜻으로 쓰여요.

사파리에 가는 사람들은 흔히 '다섯 가지 주요 동물'을 찾아보지만, 이들 동물 말고도 볼만한 멋진 동물이 많아요. 다음은 그 목록과 스와힐리어 이름입니다.

다섯 가지 주요 동물	사자	심바
	코끼리	템보
	코뿔소	키파루
	버펄로	냐티
	표범	추이
	기린	트위가
	하마	키보코
	치타	두마
	얼룩말	푼다 밀리아
	가젤	스와라
	하이에나	피시

동물을 뒤쫓는 법

추적(뒤쫓기)은 야생에서 생존하는 데 중요한 기술입니다. 눈을 크게 뜨고 동물이 남긴 흔적을 찾아봐요. 그러면 맹수를 피해서 사파리에서 보고 싶은 동물을 찾을 수 있어요.

1 발자국 찾기

개울이나 먼지가 많은 곳처럼 흔적이 남을 만한 곳에서 발자국을 찾아봐요. 관심 있는 동물의 발자국 특징을 알아두세요.

- 발에 발가락이 네 개이면 개나 고양잇과 동물일 수 있음.
- 발자국이 길쭉하면 가젤이나 기린의 발굽일 수 있음.
- 발자국이 쉼표 모양이면 혹멧돼지나 멧돼지일 수 있음.

2 똥 찾아보기

동물은 발자국만 남기지는 않아요. 눈을 떼지 말고 길을 따라 남겨진 똥을 찾아봐요. 똥에는 이런 정보가 들어 있어요. 식물을 주로 먹는 초식 동물이라면, 둥근 알갱이를 남겨요. 고기를 먹는 육식 동물이라면, 길고 가느다란 똥을 남기죠. 이제 똥을 찾아봐요.

3 동물의 먹이 알아보기

동물이 뭘 싸는지 아는 것도 중요하지만, 뭘 먹는지 아는 것도 중요하죠. 동물이 좋아하는 먹이를 알아야 해요. 영양은 풀 윗부분을 먹지만, 얼룩말은 풀을 뿌리까지 먹어요. 추적에 뛰어난 사람은 관목과 덤불에 남은 이빨 자국만 보고도 동물이 뭘 먹는지 알 수 있어요!

아프리카에서 가장 위험한 동물로부터 살아남는 법

생명을 앗아갈 정도로 가장 위험한 아프리카 동물이 뭘까요? 한번 맞춰봐요. 사자요? 코뿔소라고요? 틀렸어요. 아프리카에서 가장 위험한 동물은 크기가 손톱만 해요. 바로 모기죠. 아프리카에서는 모기가 말라리아를 옮기는데, 말라리아로 1년에 최대 200만 명의 사람들이 죽고 있어요. 그러니까 아프리카(또는 말라리아가 있는 다른 곳)에서는 모기를 완전히 쫓아버리고 싶어지죠. 다음은 이 해충을 쫓아내는 방법이에요.

1 최대한 쫓아버리기

화학 물질이 든 방충제(벌레 퇴치제)를 챙기세요. 지시에 따라 방충제를 옷과 피부에 뿌려요. 사용 방법을 꼭 따르세요!

> 재미있는 사실: 모기는 암컷만 피를 빨아먹어요. 암컷이 알을 낳는 데 피가 필요하거든요. 수컷과 암컷 모기는 꽃에서 나는 꿀과 달콤한 냄새가 나는 다른 음식도 먹어요.

2 냄새 풍기지 않기

헤어스프레이나 향수 또는 향이 강한 물건을 사용하지 마세요. 그런 물건은 달콤한 냄새가 나서 모기를 끌어들일 수 있어요. 모기는 사람한테서 꽃이나 과일 냄새가 나면, 먹이라고 생각할 거예요.

3 맨살 드러내지 않기

모기가 가장 활발한 밤에는 머리부터 발끝까지 온몸을 꽁꽁 감싸요. 창문에 방충망이 있는 방이나 모기장 안에서 잠을 자야 해요.

> 알고 있나요? 1만 원 정도의 돈을 기부하면 아프리카의 한 가족이 모기장을 구하도록 도와줄 수 있어요. 돕고 싶다면 인터넷에서 기부 단체를 찾아봐요.

악어한테서 달아나는 법

크로커다일과 앨리게이터는 어떻게 구별할까요? 일반적으로 크로커다일은 주둥이가 길고 뾰족한 V자 모양인데, 앨리게이터는 주둥이가 넓고 둥근 U자 모양이에요. 어쨌든 둘 다 악어니까, 굳이 구별하려고 가까이 다가가지 마세요.

1 혼자 가지 않기

악어가 사는 물에서 혼자 수영하거나 배를 타지 마세요. 악어한테는 혼자 수영하는 사람이 맛있는 간식처럼 보이거든요. 하지만 여러 사람이 있으면 귀찮아 보이죠. 그러니까 친구들과 함께 있어요.

2 깜짝 놀라게 하지 않기

악어는 갑자기 놀라면 본능적으로 공격할 수 있어요. 악어가 근처에 있는 것 같으면, 물을 찰싹 치거나, 소리를 지르거나, 성대모사를 하거나, 좋아하는 노래를 불러요. 뭐든! 그냥 시끄러운 소리를 내요.

3 거리 두기

악어는 물속에서 갑자기 뛰쳐나와서, 안전하다는 생각에 낮게 걸려 있는 나뭇가지에서 여유를 즐기는 먹이를 덥석 낚아챈다고 알려져 있어요. 악어가 보이면, 물에서 최소 6m 떨어져야 해요.

4 제발 동물에게 먹이 주지 않기

악어에게 먹이를 주면, 악어가 인간을 두려워하지 않을 수 있어요. 어쨌든 야생 동물에게 먹이를 줘선 안 돼요!

5 악어가 있는 곳에서 벗어나기

악어는 눈꺼풀이 두 쌍 있어요. 안쪽의 투명한 눈꺼풀 덕분에 천연 물안경처럼 물속에서 아주 잘 볼 수 있죠. 물속에서 악어와 상대가 된다고 생각하나요? 악어는 '피부 감지기'가 있어서 물에 뭔가 들어오면 진동을 느낄 수 있다는 점을 알아두세요. 결론은, 주위에 악어가 있다고 의심되면 재빨리 물 밖으로 나와요!

6 달아나기!

땅에서 악어가 보이면, 도망쳐요. 빨리 달아나요. 앞만 보고 달려요. 멀리 달아나세요.

악어에 관한 3가지 오해

첫 번째 오해 - 악어는 느리다.

커다란 악어는 시속 16km로 달릴 수 있어요. 아마도 여러분이 달릴 수 있는 속도와 같을 거예요. 생각해 봐요. 실제로는 시간이 없어요. 그냥 달리세요.

두 번째 오해 - 갈지자 모양으로 달아나야 한다.

이런 오해는 악어가 눈앞에 있는 것만 볼 수 있으니까, 여기저기로 달아나면 악어가 놓칠 거라는 생각에서 비롯되었어요. 하지만 어떻게든 달아나는 게 좋아요. 악어와 거리가 멀어질수록 더 좋죠.

세 번째 오해 - 악어는 사람을 쫓아다니길 좋아한다.

실제로 악어는 사자와 달라요. 악어는 먹이를 쫓아가길 좋아하지 않아요. 악어는 그런 면에서 침착한 편이에요. 악어는 숨어 있거든요. 악어는 공격하기 전에 살살 기어가죠.

코끼리 떼가 우르르 몰려올 때 살아남는 법

물론 코끼리는 크고 투박하며 느려 보이지만, 실제로는 시속 40km보다 빠르게 달릴 수 있어요. 코끼리는 속도와 힘 덕분에 '동물의 왕국'에서 든든한 수비수 역할을 맡고 있어요. 가죽이 두꺼운 후피 동물인 코끼리 떼가 우르르 몰려오면 무섭더라도, 침착하세요. 잘못하면 순식간에 코끼리 발에 깔려 버릴지도 몰라요.

1 몸 피하기

코끼리가 곧 따라잡을 테니까, 달려봤자 소용없어요. 달리지 말고, 안에 들어갈 만한 튼튼한 구조물이 있는지 찾아봐요. 물론 드넓은 아프리카 평원에서 튼튼한 구조물이 항상 많지는 않겠지만요. 그러니까….

2 나무줄기 잡기

나무타기를 잘한다면, 운이 좋을 수 있어요. 코끼리는 미친 듯이 날뛰더라도 나무를 피하려고 해요. 나뭇가지를 잡고 몸을 끌어올려서 줄기에 가까이 대요. 나무에 올라가지 못하면, 나무줄기에 바짝 붙어 있어요. 마치 나무줄기인 것처럼요.

3 엎드리기

미친 소리처럼 들리겠지만, 다른 방법이 다 실패하면 땅바닥에 누워요. 코끼리는 위협적이지 않다고 여기면 밟지 않을 수 있어요. 계속 서 있으면, 코끼리 상아에 찔려서 꼬치구이가 될 위험이 커요. 그리고 당연히 코끼리가 지나가는 길목에 바로 눕지 마세요.

어느 쪽이 더 최악인가요?

코끼리가 재채기했을
때인가요?

아니면

코끼리가 방금 잔뜩 싼 똥에
떨어졌을 때인가요?

코뿔소가 달려들 때 살아남는 법

검은코뿔소는 얼굴에 뿔이 달렸고, 어깨가 혹처럼 툭 튀어나왔어요. 코뿔소가 뿔 달린 머리를 숙인 채 킁킁거린다면 뿔로 들이받으려는 거예요. 무게가 1t이 넘는 동물한테 공격받고 싶지는 않잖아요. 다음은 코뿔소를 완전히 피하는 방법입니다.

1 나무에 올라가기

시속 48km로 덤벼드는 코뿔소한테서 달아날 수가 없어요. 코뿔소가 다가오면 나무에 올라가세요. 반드시 뿔이 닿지 않는 높은 나무에 올라가야 해요. 안 그러면 코뿔소의 뿔에 들이받힐 테니까요.

2 뿔보다 가시

나무에 올라가지 못하면, 잎이 빽빽하게 무성한 덤불이 그다음으로 좋아요. 가능한 덤불 깊숙이 들어가요. 너무 당황하면 날카로운 가시에 찔려도 아픈지 잘 모를 테니까 걱정하지 말아요. 뿔에 들이받히는 것보다 가시가 낫죠.

3 반대가 항상 끌리지는 않아

일단 공격을 피했다면, 코뿔소가 달려오는 방향과 반대쪽으로 달아나야 해요. 덩치가 큰 코뿔소는 돌아서는 것을 좋아하지 않아서, 일단 한 방향으로 가기 시작하면 방향을 바꿀 가능성이 거의 없어요. 투우 경기가 아니니까, 첫 번째 공격을 피하기만 하면 되죠.

진짜일까요, 가짜일까요?

명랑해 보이는 하마는 실제로 아프리카에서 무시무시한 동물 중 하나입니다. 하마는 사람이 자기 영역에 들어오면 공격한다고 해요. 하마는 포유동물이긴 하지만 시간 대부분을 물속에서 보내기 때문에 특히 물로 가는 길이 막히면 엄청 화를 내죠. 다음 중 하마가 하는 진짜 행동은 뭘까요?

a. 굶주린 하마는 다 자란 악어를 두 동강으로 찢을 수 있다고 해요.

b. 하마는 물속에 가라앉으려고 돌을 먹어요.

c. 하마는 공중으로 60cm나 뛰어오를 수 있어요.

d. 하마는 물속에서 곧바로 잘 수 있어요. 숨 쉬려고 물 밖으로 나오기 전에 한 번도 깨지 않고 최대 5분 동안 물속에 있어요.

e. 새끼 하마는 물속에서 태어난 뒤에 숨을 쉬려고 물 밖으로 헤엄쳐 나와요.

f. 하마는 영역을 표시하려고 꼬리를 휙휙 돌려서 똥을 퍼뜨려요.

정답: a, d, e, f가 사실이에요.

부록

나침반이 없어도 방향을 알아보는 법

막대기 그림자를 이용하는 방법

1. 땅바닥에 막대기를 세운다.
2. 막대기의 그림자 끝이 닿는 곳을 표시한다.
3. 15분 뒤에 그림자 끝을 다시 표시한다.
4. 첫 번째 선과 두 번째 선을 가상의 선으로 잇는다. 그 선이 동쪽을 가리킨다.

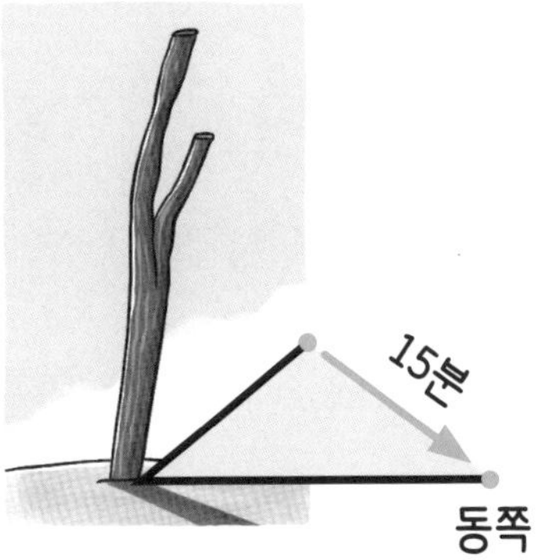

시계로 알아보는 방법

1. 시침이 태양을 똑바로 향하게 시계를 든다.
2. 시침과 12 사이의 중간에 선이 있다고 상상한다. 그 선이 남쪽을 가리킨다.

다른 방법으로 방향 찾기

- 북반구에서는 이끼 대부분이 나무의 북쪽에서 자라죠.
- 거미는 보통 남쪽에 거미줄을 쳐요.
- 구름은 종종 서쪽에서 동쪽으로 이동해요.

구조 신호를 보내는 법

마법의 숫자, 3

세 번 연달아 보내는 신호는 국제적인 조난 신호입니다. 호루라기가 있으면, 세 번 불러서 구조를 요청해요. 밝은 색깔의 물건(예: 텐트, 판초, 방수포 등)이 세 개 있으면, 비행기가 지나갈 때 보이도록 빈터에 나란히 펼쳐놓아요.

거울로 반사하기

화창한 날에는 거울이나 반짝이는 물건으로 빛을 반사해서 구조 신호를 보낼 수 있어요.

브라질(포르투갈어)

저 물고기는 이빨이 있나요?

Aqueles peixes têm dentes? (아켈레스 페이시스 텡 덴치?)

케냐와 아프리카의 다른 지역(스와힐리어)

저기요, 제 뒤에 커다란 사자가 있는 것 같아요.

Kubwa simba nyuma mimi. (쿠바 심바 뉴마 미미.)

노르웨이(노르웨이어)

얼음 위를 걸어도 안전합니다.

Jeg er sikker på at den isen er trygg å gå på.
(야이 어 시케 포 엣 덴 이센 어 트레그 오 고 포.)

인도네시아(인도네시아어)

조심하세요! 나무 뒤에 오랑우탄이 있어요. 바나나가 먹고 싶나 봐요!

Awas! Ada orangutan* di belakang pohon itu—mungkin dia mau pisang kamu!
(아와스! 아다 오레아응우탄 디 베라흐캉 포호네 이투뭉킨 디아 마오 피송 카무!)

* 인도네시아어로 오랑우탄은 '숲의 사람'이란 뜻이에요. (오랑=사람, 우탄=숲)

다른 나라에서 이상한 음식을 접할 때

여행하다 보면 아주 이상한 음식을 접할 수가 있어요. 다음의 표를 갖고 다니면 한 입 먹기 전에 어떤 맛일지 알 수 있습니다. 꿀팁을 알려 줄게요. '마음과 미각을 활짝 열고 새로운 음식을 맛보세요!' 다른 문화의 음식을 모욕하는 것만큼 나쁜 태도는 없어요. 문화를 존중하며, 여러분에게 '이상할지도' 모르는 음식이 다른 사람에게는 꽤 괜찮을 수 있다는 것을 명심하세요(반대의 경우도 마찬가지고요).

장소	음식	맛
영국	블랙 푸딩(피와 오트밀을 섞은 소시지)	순대와 비슷한 맛
에콰도르	기니피그	닭고기 맛
중국	거북이 등껍질 젤리	약초와 쓴 콜라 맛
이집트	낙타	오돌토돌하고 기름진 소고기 맛
프랑스	페테(발라먹는 간 음식)	젖은 고양이 사료 맛

장소	음식	맛
필리핀	귀뚜라미 볶음	한 입 정도의 바삭바삭하고 버터 바른 맛
캄보디아	거미 튀김	끈적거리는 검은 즙이 나오는 게 맛
스칸디나비아	루테피스크(말린 흰살생선을 잿물에 불리는 음식)	잿물과 비린내가 나는 젤리 맛
모로코	비둘기 파이	닭고기 파이 맛
멕시코	옥수수 곰팡이	통째로 찐 버섯 맛
상하이	오리 머리	쫄깃한 닭고기 맛
스코틀랜드	해기스(양의 내장을 다져서 위벽에 넣은 음식)	젖은 고양이 사료에 오트밀을 섞어서 풍선에 담은 듯한 맛 (풍선은 먹지 마세요.)
미국	치즈 스프레이	짭짤한 치즈 덩어리 맛

전문가 소개

여기 전문가들은 이 책에 나오는 모든 정보를 검토하고서 아주 훌륭한 조언을 제공해 주었어요. 이분들을 '극한 모험팀의 코치'라고 생각하세요!

'마운틴 멜' 듀이스는 세계적으로 생존 기술을 가르친 경력이 30년이 넘어요. 듀이스는 북극에서 열대 지역에 이르기까지 전 세계에서 일해 왔고, 온갖 종류의 동물을 다뤘습니다. 듀이스는 전 세계에 있는 10만 명 이상의 학생들에게 야생에서 생존하는 기술을 알려 주었어요.

존 리드너는 '콜로라도 마운틴 클럽(콜로라도주에 있는 비영리 야외 교육 기관)'의 '야생 생존 학교'의 책임자이자, 국제 안전교육 훈련 기업에서 '눈 속 생존 학교'를 운영하고 있습니다. 덴버 공립학교와 덴버 전문대학에서 강사였던 존은 거의 30년 동안 등산과 생존 훈련을 가르쳤습니다.

찰스 마시에제프스키는 모험 교육학을 전공했으며, '아웃워드 바운드(야외에서의 도전적 모험을 통해 청소년에게 사회성, 리더십, 강인한 정신력을 가르치는 국제기구)', '브롱크스 원정 학습 고등학교'와 '커트 한 원정 학습 학교'에서 일했습니다. 찰스는 학생들과 함께 수많은 도시와 야생 탐험을 계획했으며, 교사들이 자연에서 일하도록 가르쳤습니다. 찰스는 자연과 자전거 타기와 스노보드 타기를 정말 좋아해요.

작가 소개

데이비드 보르게닉트는 작가이자 편집자이자 출판인이고, '최악의 위기' 시리즈를 모두 같이 쓴 공동 저자이기도 합니다. 데이비드는 유사에 떠 있고, 사파리에서 짐을 잔뜩 싸고, '기본 스쿼트 자세'(48쪽 참조)를 취한다고 해요. 데이비드는 필라델피아에 살고 있습니다.

저스틴 하임버그는 아주 극단적이에요. 저스틴은 극단적으로 조심스럽고 경계심이 많아요. 아주 심한 잠꾸러기이고, 텔레비전을 아주 많이 봐요. 극단적이지 않은 드문 경우에는 책과 영화를 씁니다. 저스틴은 아주 멀리 떨어진 메릴랜드 교외에 살고 있어요.

웬케 크램프는 베를린에 사는 삽화가입니다. 항상 책상 앞에 앉아 그림을 그릴 정도로 극단적이지는 않지만… 악어와 싸우는 뱀처럼 극한 상황을 상상할 때면 곧바로 그림을 그려요. 또한, 웬케는 여행에서 겪은 극한의 경험을 그림에 녹여 내지만, 다행히도 타란툴라가 몸에 올라온 적은 없었어요. 후유!

한성희는 저널리즘을 공부했으며, 현재 번역 에이전시 엔터스코리아에서 전문 번역가로 활동하고 있어요. 옮긴 책으로는 《진정한 아름다움》, 《종소리 울리던 밤에》, 《겨울은 여기에!》, 《작은 별을 주운 어느 날》, 《지구를 지켜줘!》, 《리키, 너도 구를 수 있어!》, 《작은 구름 이야기》, 《산타의 365일》, 《어마어마한 곤충의 모든 것》, 《하루살이에서 블랙홀까지, 대자연의 순환》, 《우주에서 외계인을 찾는 과학적인 방법》, 《가짜 뉴스와 진짜 뉴스를 구별할 수 있어?》, 《매일 우리 몸에서는 무슨 일이 일어나고 있을까?》 등이 있어요.